에어프라이어 119 레시피

글과 요리 문성실

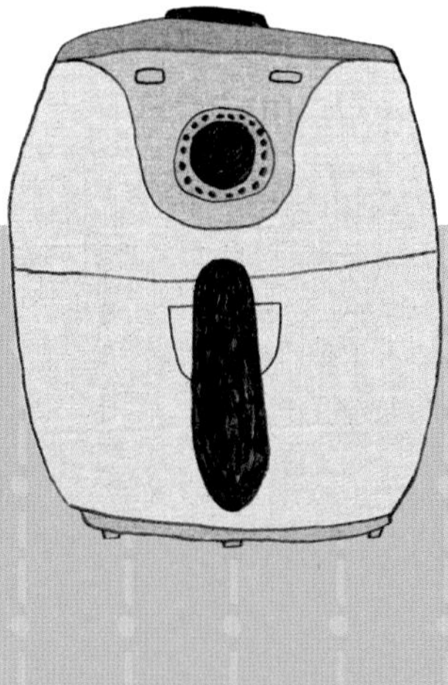

상상출판

Prologue

에어프라이어가 빛나는 순간

다시는 요리책을 쓰지 않을 거라 생각했는데, 에어프라이어를 사용하면서 '이 책만큼은 내가 써봐야겠다!' 자신감이 생겼어요. 2012년 에어프라이어 초기 모델이 나올 때부터 써본 경험과 시행착오로 잘 해낼 수 있을 것 같아 다시 책을 쓸 용기를 내게 되었습니다.
이웃 엄마들과 아이들이 함께 놀러 간 스키장 콘도에도 에어프라이어를 가지고 가서 요리해 줄 정도로 에어프라이어를 애정했어요. 지나고 나서 생각하니 그걸 늘 커다란 마트 가방에 넣어 짊어지고 다닌 저도 참 억척스러웠던 것 같아요.

점점 가스 불로 요리하는 시간이 줄어드는 요즘.
우리 집에서는 에어프라이어가 매일 돌아가고 있습니다.

초창기의 에어프라이어는 '기름으로 튀긴다'가 콘셉트였기에 바삭바삭한 튀김을 연상하면서 사용했을 때는 기대감이 커서인지 활용하는 빈도가 적었는데요, 그런데 대용량 에어프라이어를 사용하면서 '이건 밥통 모양을 한 가정용 오븐이다!'라고 생각을 바꾸는 순간, 에어프라이어는 저에게 핏기 잃은 음식을 되살려주고, 들어갔다 나오면 근사한 요리가 되는 요술 단지 같이 느껴졌어요. 오히려 기름기 없이 담백하고, 건강하고, 재료 본래의 맛을 살린 더 맛있는 요리들을 개발할 수 있었고요.
요리연구가 저의 본연의 일인데, 무슨 요리를 하면 좋을지 매일 연구하는 것도 즐겁고 에어프라이어를 사용하는 것 자체가 저에게는 책을 내기 위한 숙제가 아닌 축제처럼 느껴졌습니다. 지금도 요리개발을 위해 머리를 굴리고, 손과 발을 써서 일할 때가 가장 즐겁습니다.

에어프라이어를 공동구매로 판매하고, 또 잘 사용하시라고 직접 개발한 요리를 블로그에 올리면서 다른 요리책은 몰라도 에어프라이어 활용 요리책만큼은 꼭 곁에 두고 참고하고 볼 책으로 만들어야 한다고 생각했어요.

저 문성실 이름을 내걸고 가장 친절하고, 활용도 높으면서 여러분의 요리가 빛이 날 수 있는 레시피를 꼼꼼하게 넣어 만들 수 있도록 부끄럽지 않은 노력을 하였답니다.
요리책을 위해 요리하고 촬영하면서 항상 같이 일하는 이웃 언니가 맛보면서 말합니다.
"성실아, 넌 요리 천재다!"
언니가 이 말을 해주면, 전 세상 시름 다 잊은 듯 매우 행복하고 살맛 납니다. 또 집에서는 엄마가 만든 요리가 최고라고 생각하고 든든하게 먹어주는, 이제 고등학교 2학년이 된 보윤이와 보성이는 늘 엄마의 가장 큰 행복의 원천이자, 사는 힘입니다.

책을 내겠다고 하면 무조건 지지해주고 기다려주는 상상출판사 대표님께 감사드립니다. 더불어 꼼꼼한 편집으로 늘 책을 쓸 때마다 함께 해주는 에디터 경자 씨에게도 참으로 믿음직하고, 든든하다고 이야기해 주고 싶습니다.

에어프라이어 요리책 딱 한 권을 선택하라고 한다면 선택받을 수 있는 참 좋은 책이면 좋겠습니다. 제가 오래오래 사랑하고 요긴하게 사용한 에어프라이어가 여러분들 삶 속에 요긴하게 활용되고, 따라 만드는 요리마다 즐겁고 맛있었으면 좋겠습니다. 더불어 에어프라이어보다 더 빛나는 독자 여러분들이 되셨으면 참 좋겠습니다.

요리하는 사람 문성실

Contents

040
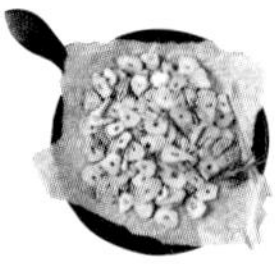
046

052

Chapter 02

뚝딱뚝딱

특별 간식과 야식

Chapter 03

에어프라이어 사길 잘했지!

일품 요리, 고기와 해물

064

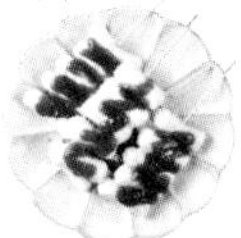

082

098

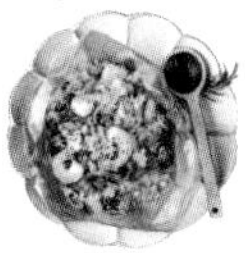

104

130

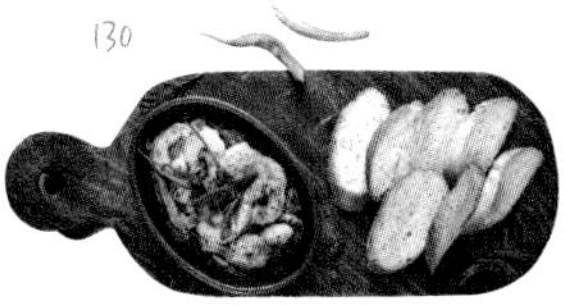

Chapter 04
에어프라이어야, 고마워!
일품 요리, 채소

148

152

162

Chapter 05
밥이 필요해!
반찬

172
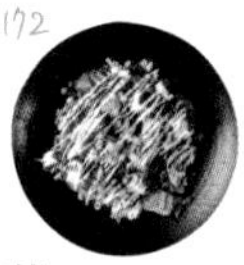
178

194

Chapter 06
이렇게 간단하다니,
홈베이킹

198

200

208

Chapter 07

시판 빵으로

빵빵빵 요리

222

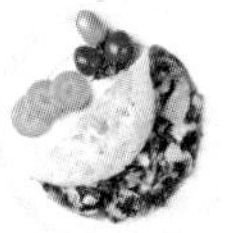

240

254

Chapter 08

넣으면 맛있게 되살아나는

소생 요리

258

259

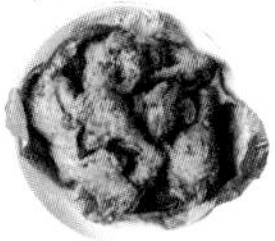

263

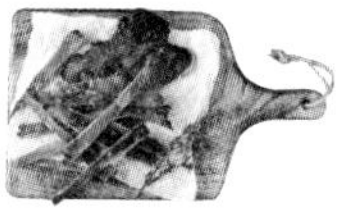

"이 책에 나오는 레시피는 에어프라이어의 기종과 용량에 따라 온도와 시간이 달라집니다. 저는 요리 시간을 단축시키고 넉넉한 양을 조리할 수 있는 대용량 에어프라이어를 기준으로 레시피를 만들었어요."

Simple
Cooking
Diary

요리가 놀이가 된다

에어프라이어 탐구 생활

"에어프라이어는 튀김기가 아니라 오븐입니다"

네! 튀김을 하는 도구라고 생각하면 실망하기 쉽습니다.
밥통 모양을 한 오븐이라고 생각하고, 오븐 요리를 할 수 있다고 생각한다면
요리의 폭이 훨씬 넓어집니다. 단순히 튀김을 하는 것이 아니라
오븐 요리, 베이킹 등 다양한 요리들을 할 수 있다고 생각해 보세요.
저의 요리 레시피는 에어프라이어가 오븐이라 생각하는 데서 출발했습니다.
그렇게 생각하니 레시피 개발이 굉장히 재미있더군요.
여러분들도 제가 만든 요리 이상의 요리를 만들어 보시길 바랍니다.
자, '에어프라이어가 빛나는 순간!'으로 출발해 볼까요?

에어프라이어
넌 대체 뭐니?

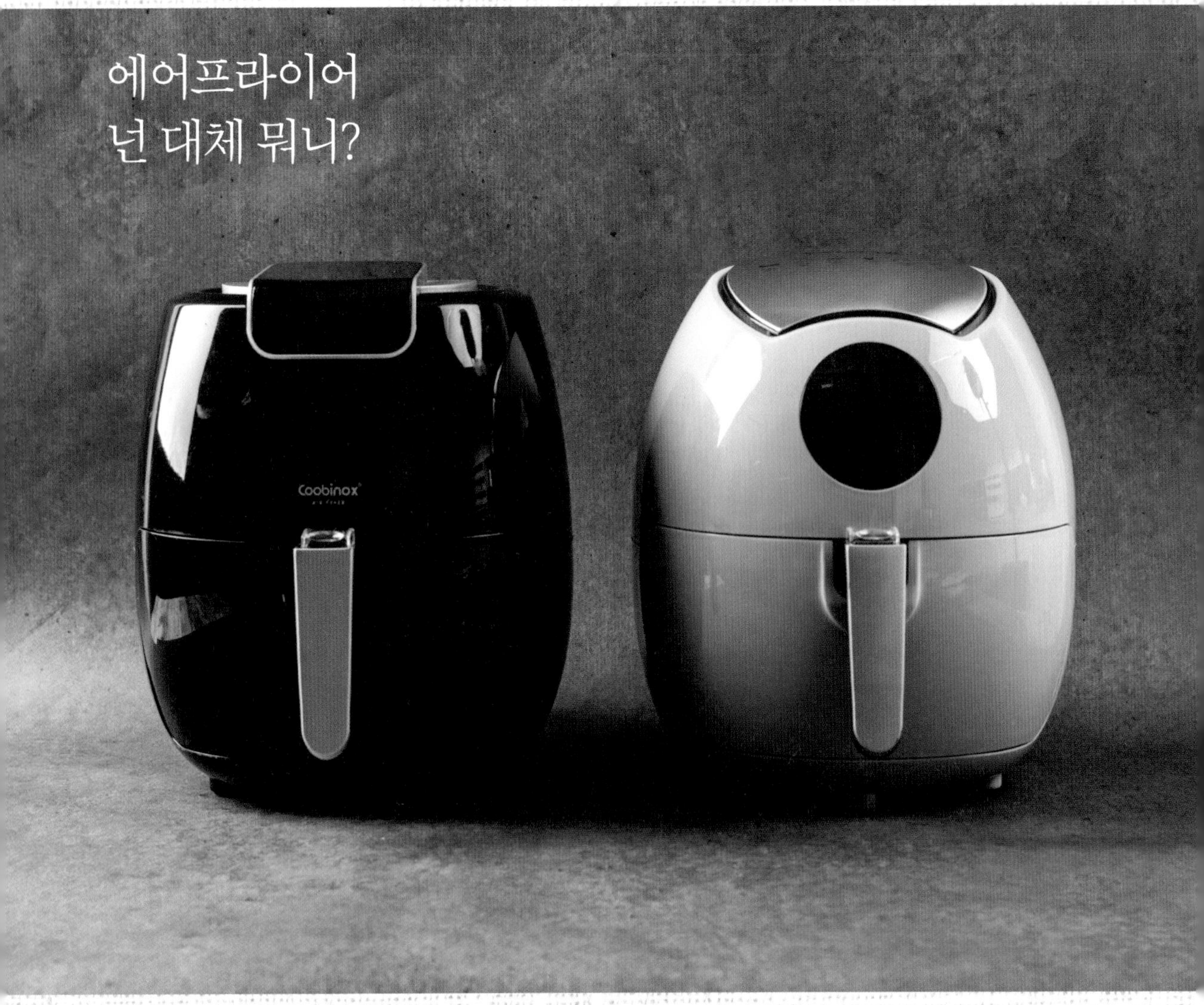

기름 없이 또는 적게
겉은 바삭바삭 속은 촉촉하게
음식을 만드는 에어프라이어!

에어프라이어는 '컨벡션 오븐'과 원리가 같은 주방가전입니다.
에어프라이어는 열풍을 이용해 기름 없이 튀기는 튀김기로, 고온의 기름으로 재료의 수분을 순식간에 빼앗아 바삭하게 만드는 역할을 합니다. 에어프라이어의 원리는 헤어드라이어와 비슷한데요,
전기를 매개로 히터와 열선을 통해 뜨거운 열을 만들어 공기를 순환시키는 팬을 돌려 요리합니다.
짧은 시간에 수분을 빼앗아 식재료 자체가 바삭해지고, 기름과 지방은 밖으로 배출하여 겉은 바삭하고 속은 부드럽게 조리됩니다. 하지만 지방이 적은 식재료의 경우 바닥에 눌어붙을 수 있기 때문에 식재료에 기름을 골고루 뿌리거나 바르는 것이 좋습니다.

에어프라이어 용도가 궁금해요!

에어프라이어는 한마디로 '쾌속 미니 오븐'입니다.
예열하지 않아도 되고, 오히려 오븐보다 더 빨리 조리합니다.
에어프라이어는 다음과 같은 요리법에 사용합니다.

1. 튀김
2. 굽기
3. 토스트
4. 데우기
5. 베이킹

너의 장·단점을 솔직하게 말해다오!

아무리 요긴한 도구라도 장단점이 공존하기 마련입니다. 장점은 확 살려 사용하고, 단점은 '그렇구나?'라고 생각하면서 감당하는 마음을 가져야 속이 편한 것 같아요.

장점

- 기름이 쪽 빠져 상대적으로 열량이 낮은 건강하고 담백한 음식을 먹을 수 있어요.
- 새우, 생선, 고기, 채소, 빵 등 다양한 음식 조리가 가능해요.
- 조리 도중 생기는 연기와 냄새가 적어요.
- 주변에 기름이 튀지 않아요.
- 튀김 후 남은 기름을 따로 처리하지 않아 환경보호에 도움이 돼요.
- 에어프라이어에 특화된 냉동식품들이 다양하게 나와 다시 조리하기 편해요.
- 온도와 시간 조절만 다루면 돼서 조작법이 간편해요.

단점

- 전통 튀김 조리 방식을 에어프라이어만으로 구현하기는 힘들어요.
- 다른 요리는 다 되는데, 정작 튀김만 안 되는 튀김기라고 평가받기도 해요.
- 대용량의 경우 밥통보다 크기가 크기 때문에 공간을 따로 마련해야 해요.
- 공기 회전에 따른 소음이 있으나 기종에 따라서 소음이 덜한 상품도 있어요.
- 비교적 전력 소비량이 많은 편이에요.
- 무엇보다 청소가 제일 귀찮아요.

같은 듯 다른 주방가전과의 비교

에어프라이어는 오븐과 유사하지만, 사용법은 전자레인지처럼 간편하고 다양합니다.
다른 비슷하게 여겨지는 도구들과 꼼꼼하게 비교해 볼게요.

에어프라이어 VS 튀김기

바삭하게 "바사삭" 소리가 나며 기름을 머금고 있어도 맛있는 튀김을 먹고 싶다면 에어프라이어가 아닌 튀김기나 튀김 팬에 기름을 가득 넣고 튀기는 게 나아요. 저는 에어프라이어에 잘 해 먹지 않는 것이 돈가스나 빵가루 옷을 입힌 튀김 요리입니다. 양념에 잘 재운 돈가스와 빵가루를 입힌 튀김은 잘 달궈진 기름에 퐁당 넣고 튀겨야 그 맛의 진가가 나옵니다. 하지만 튀겨져서 이미 기름을 머금고 있는 것이라면 에어프라이어에 넣고 다시 그대로 구우면 바삭함이 살아나고 여분의 기름도 쭉 빠져 더 담백합니다.

초창기 에어프라이어가 튀김을 공기로 해준다는 말에 우리가 상상하는 튀김을 만들어 주는 기계라고 착각을 했는데요, 상상한 바삭한 튀김은 튀김기에 맡기고 에어프라이어가 잘하는 것만 맡기고 쓰면 좋겠어요. 튀김기와 에어프라이어를 잘 구분해서 활용하세요.

에어프라이어 VS 오븐

프롤로그에도 '에어프라이어는 밥통 모양을 한 오븐이다'라고 밝혔는데요, 저는 이제 오븐을 대체해서 에어프라이어로 모든 것을 대신합니다. 다만 오븐을 대체하지 못하는 것은 베이킹, 즉 빵과 쿠키 등을 대량으로, 제대로 하려면 그래도 오븐을 사용하는 것이 낫습니다.

오븐으로 잘 되는 요리들도 에어프라이어에 하면 훨씬 더 시간이 단축됩니다. 통닭이나 통삼겹살구이, 고구마구이 등도 오븐에 하는 것보다 에어프라이어에 하면 훨씬 더 단시간에 구울 수 있어 오히려 오븐을 사용할 때보다 만족감이 높아요. 또 요리를 하고 난 후 세척도 에어프라이어가 훨씬 수월하고요.

에어프라이어 VS 전자레인지

10여 년 전 미니 오븐 요리책을 쓸 때 사람들이 가장 많이 물어본 것이 "오븐 대신 전자레인지에서는 안 되나요?"였어요. 전 당연히 안 된다고 했고, 심지어 오븐과 전자레인지가 복합형으로 된 것은 추천하지 않는다고 했습니다.

에어프라이어와 전자레인지는 활용 면에서 구분하여 쓰면 돼요. 전자레인지로는 밥과 국을 데우고, 반찬 중에서도 돌리고 나서 눅눅해져도 맛에 지장을 주지 않는 것들을 데울 때 사용합니다. 에어프라이어에 돌리면 참 맛있는데 전자레인지에 돌리면 불쾌한 맛을 내는 것이 식은 돈가스와 튀김 등입니다. 피자나 치킨 등을 전자레인지에 다시 데우면 눅눅하고, 피자의 경우 딱딱해지기 쉬워요. 에어프라이어도 조만간 전자레인지와 함께 가정의 필수품으로 등극하는 시대가 올 거라 생각해요.

대용량 에어프라이어 살까, 말까?

용량별 리얼 사용 후기

에어프라이어는 2ℓ짜리부터 6~7ℓ짜리의 대용량까지 다양합니다. 우리가 사용하는 6인용 밥솥보다 외형상 더 크고, 외부 용량보다 내부 바스켓의 용량에 따라 조리할 수 있는 양과 요리 종류도 달라집니다. 냉장고나 세탁기도 점점 더 큰 것을 선호하듯 에어프라이어를 다양하게 사용해본 저는 대용량을 추천합니다. 베이킹을 하거나 내열 용기가 들어가는 요리들도 맘껏 할 수 있거든요. 또 오히려 큰 용량이 시원시원하게 요리할 수 있어서 시간적인 면에서 금방 조리돼요.

용량 비교

사진처럼 종이컵을 넣고 크기별로 비교해 보면 2ℓ짜리는 종이컵이 3개, 2.6ℓ짜리는 4개, 내부 용량이 5.3ℓ인 것은 무려 종이컵이 8개가 들어갑니다.

1인 가구에서 조금씩 데워 먹는 용도로 쓰기에는 작은 사이즈가 앙증맞고 좋으나, 손님이라도 오실 때면 통삼겹살을 굽거나 감자튀김을 1킬로그램 대용량으로 튀겨 낼 때는 대용량이 훨씬 시원시원하게 느껴질 거예요. 통닭과 통삼겹살을 조리할 때나 베이킹을 할 때 확연하게 그 차이가 느껴집니다. 고구마도 한 번에 많은 양을 구워두었다 먹으면 좋고요.

저는 미니 오븐은 창고에 넣어두고, 그 자리를 에어프라이어로 대체하느라 대용량을 선호하지만, 개인적으로 여러 가지를 써보고 가구 수나 주로 사용하는 용도에 따라서 사이즈를 선택하세요.

1인 가구라면 2~3ℓ 용량의 소리가 비교적 작으면서 디자인이 예쁘고 가격도 저렴한 에어프라이어를 경험해 보세요. 아마도 에어프라이어에 익숙해지면 대용량으로 갈아타고 싶으실 거예요.

2인 가구 이상이거나 손님 초대가 많고, 아이들이 있는 집이라면 무조건 대용량을 추천해요. 삼겹살 500그램 정도는 한 번에 구울 수 있고 치킨 너깃이나 감자튀김도 단번에 넉넉하게 튀겨낼 수 있어야 배고프다고 성화인 아이들에게 후딱 구워줄 수 있어요.

에어프라이어
똑똑 사용법과 조리팁

치킨이나 피자 많이 주문해 드시죠?
에어프라이어는 남은 치킨과 피자를 데워 먹는 것만으로도 '참 잘 샀다!'는 생각이 드실 거예요.
남은 치킨과 피자를 본래의 맛으로 되살려 주는 데 최적화된 도구는 바로 에어프라이어거든요.
1~2인 가구, 또 맞벌이 부부는 퇴근 후 음식을 해야 하는데, 늘 해 먹는 일이 부담이잖아요.
이런 점을 에어프라이어가 만족시켜 주었습니다. 에어프라이어에 음식을 넣은 뒤 조리법에 맞게
온도와 시간만 조절해 돌리면 간단하고 맛있는 음식이 완성돼요.
게다가 기름도 튀지 않고 뒤처리도 깔끔해서 집에 냄새가 배는 것도 덜해서 좋고요.
또 에어프라이어가 많이 보급되면서 에어프라이어에 넣고 조리하면 되는 상품들의 개발이
가속화되고 있어서 세상 참 살기 편해졌어요.
에어프라이어를 더 잘 사용하는 팁도 알려드릴게요.

1. 에어프라이어 전용 상품 가정간편식(HMR)을 잘 활용하세요

어느새 HMR 상품은 서서히 사람들의 시간과 노력을 절약해 주는 차원에서 더 발달하고 있는데요, 죄책감을 갖는 대신 건강한 음식을 같이 곁들이는 노력으로 정성껏 차려보세요.

에어프라이어 전용 HMR 상품의 경우 이미 튀겨져 나온, 기름기가 있는 것이 대부분이라 가장 맛있게 조리됩니다. 먹다 남은 치킨이나 프렌치프라이, 오징어 튀김, 부침개나 너깃 등 튀김류를 다시 데우기에는 '부활한다', '소생시킨다'는 표현이 딱 어울릴 정도로 바싹하게 튀겨져요.

2. 종이포일을 사용할 때 주의하세요

종이포일을 크게 넓게 깔고 사용하지 말고 딱 맞는 크기로 사용하세요. 크게 사용하면 종이포일이 열풍에 의해 흔들리면서 조리되는 재료를 덮기도 하거든요. 그러면 오히려 조리가 잘 안 되게 방해하기도 해요. 또 종이포일만 깔고 돌리면 종이포일에 불이 붙어서 재가 될 수 있으니 꼭 주의하세요. 제가 직접 경험해본 거예요.

3. 바스켓을 잘 활용하세요

바스켓 안의 내열 용기를 뒤집어 넣고 사용하거나 스테인리스 철망을 깔고 쿠키를 굽거나 누룽지같이 비교적 납작한 재료들을 조리하면 열선 위쪽 열을 바로 가깝게 받아서 조리가 빨리 되는 장점이 있어요.

4. 음식의 양과 재료의 두께에 따라 온도와 시간은 조절하세요

제가 책에 알려드린 레시피를 지키되, 재료의 양과 두께 등을 고려하여 온도와 시간은 조절하세요. 또 에어프라이어 기종에 따라서도 달라질 수 있고요. 보통 요리를 시작하고 3분의 2 정도의 시간이 흐른 뒤 조리된 상태를 보아가면서 체크해 보는 것도 요령입니다. 그래도 요리하다가 깜빡하실까 염려되어 '온도와 시간은 에어프라이어의 기종에 따라서 조절하세요'라고 쿠킹 팁으로 적어두었어요.

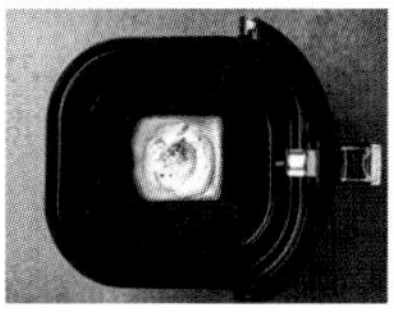

5. 균일한 크기로 조리하세요

쿠키를 굽거나 같은 요리를 조리할 때 크기가 서로 다르면 작은 것은 금세 타고 큰 것은 속이 잘 안 익기도 해요. 균일한 크기로 조리해야 같은 시간 내에 고루 익힐 수 있어요. 혹 크기가 다른 두 가지 요리를 동시에 할 때는 조리 도중 먼저 익은 것을 꺼내고 나머지 요리를 마저 익히는 것도 방법이에요.

6. 촉촉하게 조리하고 싶다면 바스켓 바닥에 물을 넣고 조리하세요

약단밤이나 고구마를 구울 때 좀 더 촉촉하게 굽고 싶은 분들이 계실 거예요. 그럴 때는 바스켓 바닥에 물을 넣고 조리하면 돼요. 조리되면서 수분이 보충되어 퍽퍽함이 덜해요.

에어프라이어 청소와 세척법

에어프라이어를 쓰면서 청소와 세척을 가장 귀찮아하는 분들이 많으세요. 겉이야 잘 닦으면 되지만 내부와 바스켓 청소를 어떻게 하느냐에 따라서 오래오래 잘 사용할 수 있어요.

처음 사용할 때

새 에어프라이어를 바로 사용하면 조리하면서 음식에 나쁜 냄새가 배어 불쾌할 수 있어요. 반드시 처음에는 공회전을 해줘야 하는데요, 200℃에서 5분 이상 작동해서 기계에 남은 불순물과 냄새를 태워 없애는 과정, 즉 공회전을 꼭 해주세요. 이때 아무것도 넣지 말고 돌려야 해요.

바스켓 청소

바스켓은 조리 후 바로 세척하는 것이 좋은데요, 바스켓 청소를 최소화하기 위해 기름이 빠지는 요리를 제외하고 종이포일을 사용하면 매번 설거지하지 않아도 되어 좋아요. 조리 후 온기가 남아 있을 때 밑으로 쏙 빠진 기름은 키친타월로 닦아내고, 부드러운 수세미에 중성세제를 묻혀 살살 닦으세요. 매우 기름진 음식을 조리하였을 때는 여러 번 닦아주는 것이 좋아요.
코팅이 자칫 벗겨질 수 있으니 철 수세미나 강한 세척솔은 절대 사용하지 마세요. 그리고 바스켓에 음식 찌꺼기가 끼어 엉겨 붙어 있다면, 미지근한 물에 담가 충분히 불린 후 세척하면 돼요. 세척을 마치고 마른행주로 물기를 제거하거나 다시 빈 바스켓을 공회전해서 건조해 보관해도 좋아요.

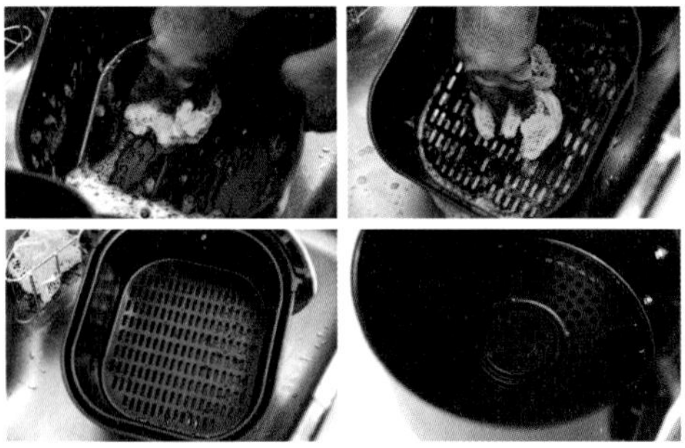

내부 열선 청소

에어프라이어를 보면 내부 열선이 오픈된 것이 있고, 덮개로 닫혀 있는 것이 있어요. 고기를 조리할 때에 열선에도 기름이 엉기거나 양념 등이 튈 수 있는데, 이것을 잘 닦아야 연기가 나거나 타는 냄새가 나는 것을 최소화할 수 있어요. 내부 열선은 조리를 마치고 충분히 식힌 다음 키친타월이나 젖은 행주를 이용해 잘 닦으세요. 물기를 빨리 말리기 위해서 추가로 마른행주로 닦아 주는 것도 좋답니다.

외부 청소

외부는 젖은 행주로 닦아주면 돼요. 그리고 마른행주로 한 번 더 닦아내면 물 자국이 없어져 좋아요.

내부 냄새 제거

생선 요리나 고기 요리를 할 때 에어프라이어 내부에 냄새가 배어들기 쉬워요. 그때는 세척 후에 귤껍질이나 오렌지, 레몬 같은 과일 껍질을 넣고 5분가량 돌리세요. 냄새가 확연히 줄어들어요. 대신 말린 귤껍질을 넣고 돌리면 불이 나기 쉬우니 주의하세요.

에어프라이어 짝꿍 도구

내열그릇
오븐에 사용할 수 있는 용기는 모두 사용할 수 있어요. 그라탱 용기, 집에 있는 국그릇, 밥그릇도 사용 가능합니다. 또 베이킹틀도 사용할 수 있어요.

종이포일
에어프라이어를 쓰면서 꼭 있어야 하는 필수품이에요. 재료를 올려 굽기도 하고 봉지 형태로 그릇을 대신하기도 하고, 쿠키를 구울 때도 유산지를 대신해 사용할 수 있어요. 또 세척하지 않고 종이포일만 걷어내기만 하면 되니 꼭 있어야 하는 필수품이에요.
하지만 같은 요리를 하더라도 바스켓의 공기가 순환되면서 종이포일을 깔고 할 때가 빛깔이나 시간적인 면에서 좀 더디게 조리가 돼요. 그러므로 종이포일은 꼭 필요할 때만 사용하세요.

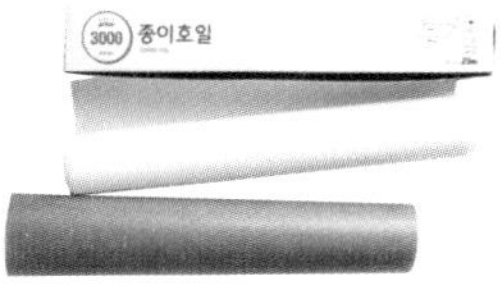

실리콘 붓
저는 오일 스프레이보다 실리콘 붓을 선호해요. 오일 스프레이는 위생적으로도 그렇고, 기름 투입구가 자주 막혀 불편하더라고요. 저는 실리콘 붓으로 기름이나 버터를 녹여 직접 펴서 발라요. 중간중간 양념을 발라줄 때도 참 편해요.

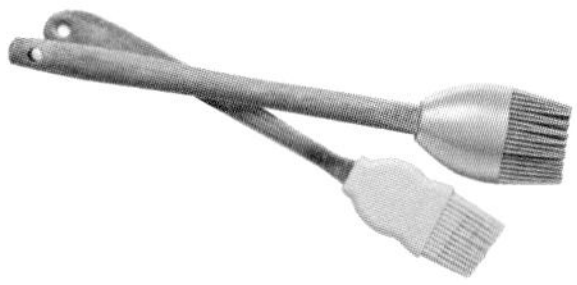

실리콘 집게
조리 도중 뒤적이거나 재료의 앞뒤를 뒤집어줄 때, 또 요리를 마치고 꺼낼 때 집게는 필수예요. 끝이 실리콘으로 되어 있는 것이 재료를 집어 옮길 때 부서짐도 덜하고 바스켓의 코팅을 상하게 하지 않아 더 좋아요.

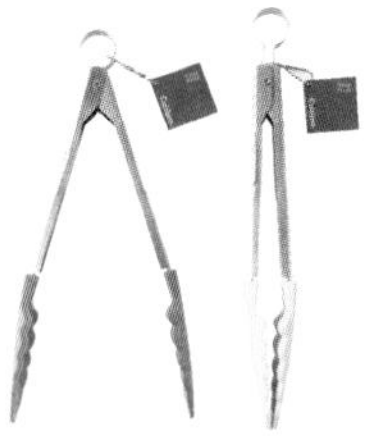

오븐 장갑
에어프라이어에 내열 용기를 담아 요리를 하게 되면 따뜻할 때 꺼내야 하므로 손으로 꺼내기는 힘들어요. 반드시 오븐 장갑을 끼고 바스켓 가장자리에 손목이 닿지 않도록 주의하면서 꺼내세요.

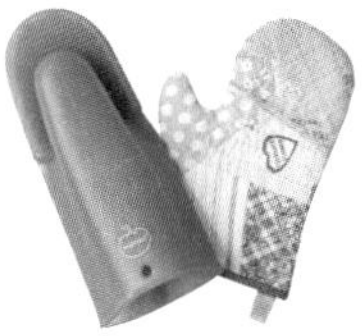

마법의 밥숟가락 계량법

밥숟가락=계량스푼
1큰술=1Ts=12~15㎖

이 책에 나오는 음식 계량은 저울과 계량컵, 그리고 밥숟가락으로 했어요. 밥숟가락을 대체해 계량스푼으로 바꿔 사용해도 됩니다. 늘 그렇지만, 만드는 사람의 정성과 손맛, 마음이 최고의 계량법이에요.

가루 재료 계량하기
소금, 설탕, 고춧가루, 후춧가루, 통깨 등

1은 밥숟가락에 수북하게 담긴 양

0.5는 밥숟가락 절반 정도 담긴 양

0.3은 밥숟가락에 1/3 정도 담긴 양

액체 재료 계량하기
간장, 식초, 청주, 맛술, 참기름 등

1은 밥숟가락에 가득 볼록하게 담긴 양

0.5는 밥숟가락 절반 정도 담긴 양

0.3은 밥숟가락에 1/3 정도 담긴 양

장류 재료 계량하기
된장, 고추장, 청국장 등

1은 밥숟가락에 가득 볼록하게 담긴 양

0.5는 밥숟가락 절반 정도의 양

0.3은 밥숟가락에 1/3 정도 담긴 양

향신채 계량하기
다진 파, 다진 마늘 등

1은 밥숟가락에 가득, 수북하게 담긴 양

0.5는 밥숟가락 절반 정도의 양

0.3은 밥숟가락에 1/3 정도 담긴 양

계량컵 계량
1컵(C)=200㎖

계량컵의 1컵은 200㎖로 종이컵과 거의 비슷해요. 계량컵으로 계량할 때는 기울기가 없는 평평한 곳에서 가루, 액체, 장류 모두 가득 담아 계량해요.

저울 계량

가정에서도 주방저울을 두고 사용하면 편해요. 레시피를 따라 할 때나 제과제빵 등을 할 때는 정확한 계량이 중요하거든요. 일반 요리도 눈짐작보다는 저울로 계량하면 더 정확하게 레시피대로 요리할 수 있어요. 2kg까지 계량할 수 있는 가정용 저울을 사용하세요.

있으면 좋은 기본양념

허브맛솔트 · 시즈닝솔트

에어프라이어 요리 중 고기 요리나 채소 요리처럼 대부분 밑 양념을 해야 하는 경우가 많아요. 그럴 때는 음식의 맛과 풍미를 훨씬 더 좋게 하는, 여러 가지 재료가 섞인 소금이 필요해요. 허브맛솔트와 올리브오일 정도로 맛을 낼 수 있는 요리들이 많거든요. 소금과 통후추를 사용하는 것보다 훨씬 간편해요.

스위트 칠리 소스

달콤하면서 살짝 매콤한 맛의 스위트 칠리 소스는 간단한 피자나 케사디아 등의 빵 요리를 만들 때 토마토 소스나 케첩을 대신하는 재료로 유용하게 쓰여요. 또 너깃이나 에어프라이어에 구운 음식을 찍어 먹는 디핑 소스로도 좋고요. 워낙 여러 브랜드가 고루 잘 나와 있으니 좋아하는 브랜드의 상품을 선택하세요.

문쓰키친 계란밥 깜짝소스

계란 간장밥을 맛있게 만들어 먹을 수 있는 아주 맛있는 맛간장이에요. '문성실' 이름을 걸고 제가 만든 소스예요. 계란 프라이를 만들어 이 소스만 넣고 밥을 비벼 먹으면 깜짝 놀랄 만큼 맛있어요. 그래서 이름이 계란밥 깜짝소스예요. 바쁜 엄마에게는 구세주 같은 존재이고, 계란 프라이 정도는 만들 수 있는 아이들에게는 직접 요리해 먹는 재미를 주는 소스랍니다. 계란밥 뿐 아니라 구운 김에 곁들여 먹어도 좋고, 양념간장을 만들 때 일반 간장 대신 넣으면 훨씬 맛있게 먹을 수 있어요.

대왕 참치진국

일반 간장을 대신할 수 있는 참치 맛이 나는 맛간장이에요. 훈연 참치의 진액에 표고버섯과 다시마 등의 재료를 넣어 농축시킨 액이라 감칠맛이 나요. 여러 브랜드의 참치액젓이 있지만, 저는 50년 전통의 국내기업 대왕의 참치진국을 애용하고 있어요.

오뚜기 삼겹살 양파절임 소스

최근 먹기 시작한, 맛이 아주 깔끔한 소스예요. 삼겹살과 곁들여 먹는 양파와 부추 등을 퐁당 적셔서 고기와 함께 먹어요. 부침개나 튀김 등에 찍어도 먹고, 곱창구이를 먹을 때도 양파와 함께 곁들이면 좋아요.

오뚜기 데리야끼 소스

데리야키 소스는 늘 만들어 먹었는데, 요즘은 간편하게 시판 데리야끼 소스가 많이 나왔어요. 고기에 바르는 소스나 덮밥에 얹는 고기 양념용으로 주로 사용해요. 또 주먹밥을 구울 때 바르기도 하지요. 달고 짠맛이 어울리는 요리에 간편하게 사용할 수 있어요.

오뚜기 양념치킨 소스

이름 그대로 프라이드치킨에 버무리면 양념치킨이 되는 소스예요. 치킨 강정을 만들어 먹거나, 각종 튀김에도 찍어 먹어요. 또는 김말이 튀김에 버무려 먹거나, 떡꼬치 소스로 활용해도 맛있어요.

샘표 연두

연두는 콩을 자연 발효해 만든 콩발효액과 국산 야채로 맛의 밸런스를 맞춘 '100% 순식물성 요리에센스'입니다. 콩을 발효해 만든 연두는 맛을 잘 살려주며, 요리를 쉽고, 맛있고, 건강하게 해줘요.

Chapter 01

“
넣기만 하면 되는
땡 요리
”

에어프라이어를 사용하는 분들이
가장 많이 활용하는 레시피가 아닐까 싶어요.
고구마, 감자, 가래떡, 약단밤, 달걀, 호빵 등
넣기만 하면 맛 보장되는 뚝딱 요리예요.
재료를 준비하여 에어프라이어에 넣기만 하면 요리 끝!
양념이나 다른 부재료가 필요 없어요. 그래서 땡 요리이지요.
여기에 소개한 요리법만 마스터해도 배부르실 거예요.

넣기만 하면 되는 땡 요리

RECIPE 01

고구마구이

"에어프라이어에 가장 많이 해먹는 요리가 아닐까 싶어요.
오븐보다 고구마냄비보다 훨씬 더 맛있게 구워져요.
물론 오븐보다 굽는 시간도 적게 들고요.
자, 그럼 군고구마를 구워 볼게요~"

Air fryer

200℃ 20분 → 뒤집어서 10분~20분

❶ 고구마는 깨끗하게 씻어 에어프라이어에 넣고 200℃에서 20분 정도 굽는다.

❷ 고구마의 위아래를 뒤집는다.

2~3인분
재료 준비
(대충 계량해도 맛있어요)

재료
고구마(작은 것) 7~8개

❸ 같은 온도에서 10~20분 정도 더 구우면 끝!

Tip 굽는 시간은 고구마의 크기에 따라서 조절하세요.

꿀팁

퍽퍽하지 않은 촉촉한 군고구마를 만들려면 에어프라이어 바스켓에 물을 2분의 1컵 정도 넣으세요. 또 아침에 먹으려고 군고구마를 구울 때는 고구마의 크기에 따라서 200℃에서 30~40분으로 설정하세요. 그러면 온기가 남아있는 군고구마를 먹을 수 있어요.

넣기만 하면 되는 땡 요리

통감자도 에어프라이어에 구우면,
껍질에 윤기가 나면서 감자가
어찌나 깊고 그윽한 맛을 내는지….
자, 그럼 통감자를 아주 매력 넘치게 구워 볼게요.
아~ 생각만 해도 맛나요.

RECIPE 02

통감자구이

Air fryer

200℃ 10분 → 뒤집어서 10분(덜 익었으면 5~10분+)

❶ 감자는 껍질째 물에 씻어 에어프라이어에 가지런히 담는다.

❷ 200℃에서 10분 정도 구워 위아래를 뒤집은 다음 10분 정도 더 굽는다.

❸ 젓가락으로 푹 찔러 보아 덜 익었으면 5~10분 정도 더 구우면 끝!

Tip 온도와 시간은 에어프라이어의 기종에 따라서 조절하세요.

2인분
재료 준비
(대충 계량해도 맛있어요)

재료

감자(80~100g짜리) 5개

꿀팁

감자의 양과 크기에 따라서 시간을 다르게 설정하세요. 중간에 찔러 보는 과정도 요리에 애정을 더하고 다시 보는 과정이라고 생각하면, 굳이 투명한 창의 에어프라이어가 필요 없을 거예요.

넣기만 하면 되는 땡 요리

RECIPE 03

가래떡구이

에어프라이어에 떡을 구울 때는
딱 먹을 만큼만 구워서 바로 먹어야 해요.
겉은 바삭바삭하고 속은 쫀득쫀득하니 아주 맛있거든요.
자, 그럼 구워 볼게요.

Air fryer

200℃ 10분

❶ 가래떡은 큼직하게 원하는 크기로 썬다.

Tip 저는 어슷썰기로 큼직하게 썰었어요.

❷ 에어프라이어에 떡을 간격을 띄어서 넣는다.

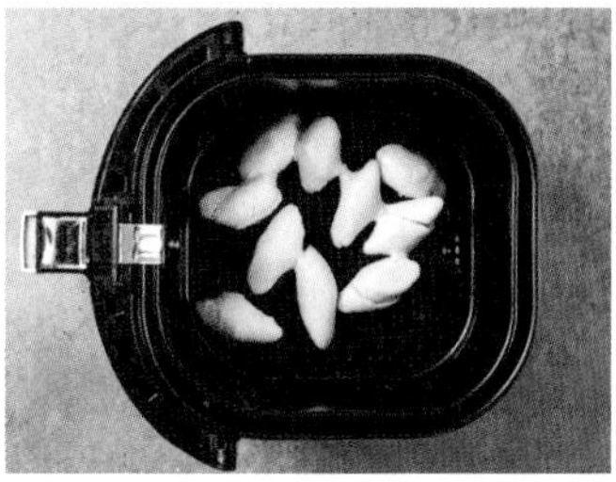

❸ 200℃에서 10분 정도 구워 조청에 찍어 먹으면 끝!

Tip 온도와 시간은 에어프라이어의 기종에 따라서 조절하세요.

2인분
재료 준비
(대충 계량해도 맛있어요)

재료

가래떡 적당량
조청 적당량

꿀팁

구우면 이렇게 빵빵 터지고 갈라지고 부풀어 올라요. 구워진 정도를 보아 시간은 추가하되, 너무 오래 돌리면 질겨지므로 시간을 잘 조절해야 해요. 생각보다 노릇하게 구워지지 않으니 덜 구워진 것 같다면서 너무 오래 돌리지는 마세요. 그럼 질겨져요.

RECIPE 04

약단밤구이

약단밤도 요리라고 소개하느냐며 타박하지 마세요.
어려운 요리나 자주 안 해 먹을 것 같은
요리를 소개하는 것보다 이런 활용 팁을 더 좋아하시더라고요.
자, 그럼 실컷 먹을 수 있는 약단밤을 구워 볼게요~

Air fryer　200℃ 10분 → 뒤집어서 10분

❶ 칼집 나 있는 약단밤을 준비하여 찬물에 두어 번 씻어 물에 2~3분 정도 담가 둔다.

Tip 약단밤을 에어프라이어에 구우면 좀 마르고 퍼석하다는 의견이 있어서 물에 씻어 살짝 담갔다가 조리했어요.

❷ 에어프라이어에 약단밤을 넣어 200℃에서 10분 정도 굽는다.

Tip 촉촉하게 굽고 싶다면 3분의 1컵 정도 물을 넣으세요.

❸ 바스켓을 꺼내어 뒤적뒤적하여 약단밤의 위치를 바꾸고 10분 정도 더 구우면 끝!

Tip 약단밤은 뜨거우니 살짝 식혀서 드세요.

3~4인분 재료 준비
(저울 계량)

재료
약단밤 500g~1kg

꿀팁

약단밤을 굽고 난 후에 튀김용기의 상태가 사진과 같으면, 저는 따로 씻지 않고 다시 다른 요리를 해요. 위쪽 튀김용기만 대충 헹구거나 가끔 아래쪽 용기까지 뜨거운 물에 푹 담가서 불려서 씻어요. 요리할 때마다 세척해야 한다는 부담감에서 벗어나세요.

넣기만 하면 되는 땡 요리

> 가장 단순하면서도 또 기본이 되는 요리!
> 오늘은 단호박을 포슬포슬하게 구워 봤어요.
> 욕심내지 마시고 먹을 만큼씩
> 에어프라이어를 이용하여 그때그때 구우세요.

RECIPE 05

단호박구이

Air fryer 180℃ 10분 → 뒤집어서 3분

2~3인분

재료 준비

(대충 계량해도 맛있어요)

주재료

미니 단호박 2개

곁들임 재료

메이플시럽(또는 아가베시럽) 적당량

❶ 단호박은 반으로 잘라 속의 씨를 숟가락으로 파낸 다음 다시 반으로 먹기 좋게 자른다.

Tip 단호박을 통째로 넣고 구워 씨를 발라 가면서 먹어도 돼요.

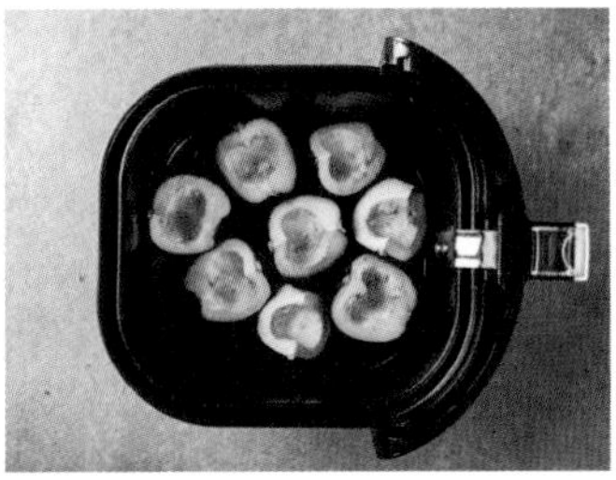

❷ 에어프라이어 바스켓에 단호박을 얹는다.

Tip 올리브오일을 바르거나 물에 흠뻑 적셔서 구우면 더 촉촉하게 구워져요.

❸ 180℃에서 10분 정도 굽는다.

Tip 에어프라이어의 기종에 따라서 온도와 시간은 조절하세요.

❹ 위아래를 뒤집어 180℃에서 3분 정도 더 구워 메이플시럽을 곁들이면 끝!

RECIPE 06

현미 누룽지

에어프라이어로 만든 누룽지는
책을 준비한다고 했을 때
이웃님이 알려주신 요리예요.
자꾸만 집어 먹게 되는
중독성 강한 바삭 과자 같아요.
꼭 만들어 보세요!

Air fryer 180℃ 10분 → 뒤집어서 5~10분

❶ 도마에 종이포일을 깔고 현미밥은 손에 물을 묻혀가면서 최대한 얇게 펼친다.

Tip 일회용 비닐장갑을 끼고 하면 더 빨리 할 수 있어요.

❷ 현미밥을 얹은 종이포일을 에어프라이어 바스켓에 담는다.

❸ 180℃에서 10분 정도 굽는다.

❹ 누룽지를 뒤집어서 180℃에서 5~10분 정도 더 구우면 끝!

Tip 에어프라이어의 기종에 따라서 시간은 조절하세요.

1~2인분 재료 준비
(저울 계량)

재료

현미밥(또는 남은 밥) 1개(130g)
물 적당량

꿀팁

반드시 종이포일에 밥을 얹어 편 다음 종이포일째 바스켓에 얹으세요. 그리고 두 번째 구울 때에는 구워지면서 바람 때문에 종이포일이 바르르 떨리는 소리도 나고 바삭하게 구워지는 데 방해를 할 수 있겠다 싶어서 종이포일을 빼고 구워 봤어요. 그랬더니 구워지면서 바닥에 밥알이 튀밥처럼 굴러다니기도 하더라고요. 이런 거 보면 굽는 내내 종이포일을 쓰는 게 나을 것 같아요. 여러분은 에어프라이어에 따라서 요령껏 만드세요.

넣기만 하면 되는 땡 요리

RECIPE 07

구운 달걀

"
물에 담가 식히고 껍데기를 까는 과정이
조금 번거롭긴 하지만, 물에 담그지 않고
공기로 구운 달걀은 그 맛이 아주 특별해요.
자, 그럼 쫀득한 맛이 제대로 사는
구운 달걀을 만들어 볼게요.
"

Air fryer

180℃ 12분

❶ 달걀은 미리 실온에 꺼내 두거나 미지근한 물에 담가 실온 상태로 만든다.

Tip 냉장고에 있는 달걀을 바로 구우면 삶을 때와 마찬가지로 쉽게 깨지고 터져요.

❷ 대용량 에어프라이어에 달걀을 넣고 180℃에서 12분 정도 굽는다.

Tip 에어프라이어의 기종과 달걀 개수에 따라서 온도와 시간은 조절하세요.

❸ 달걀은 따끈할 때 꺼내어 바로 찬물에 담갔다가 찬물에 헹군다.

❹ 달걀에 크랙이 가도록 깨서 물에 담갔다가 껍데기를 살살 까면 끝!

15개
재료 준비
(대충 계량해도 맛있어요)

재료

달걀(실온 상태) 15개

“
대용량 에어프라이어는 정말 대박이에요.
쓰면 쓸수록 놀라워요.
찐빵을 별로 좋아하지는 않는데,
구운 호빵은 일부러 해 먹고 싶은 맛이랍니다.
그 맛이 궁금하시죠?
호빵만 있으면 되니까 바로 돌려 보세요~
”

RECIPE 08

구운 호빵

Air fryer

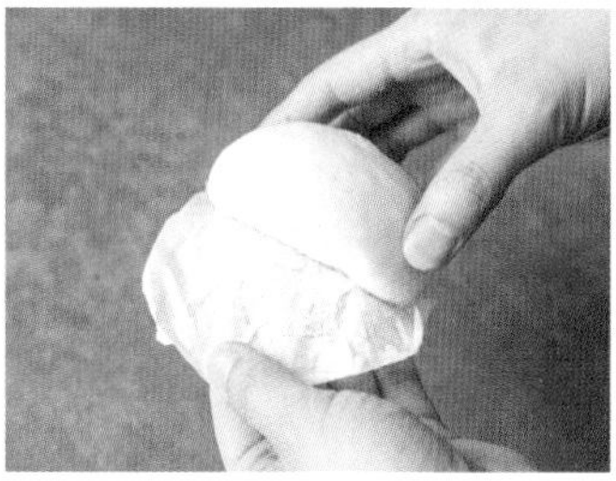

❶ 호빵은 바닥의 종이를 모두 떼어낸다.

❷ 에어프라이어 바스켓에 호빵을 넣고 180℃에서 5분 정도 굽는다.

Tip 온도와 시간은 에어프라이어의 기종에 따라서 조절하세요.

❸ 위아래를 뒤집어 180℃에서 2분 정도 구우면 끝!

4개

재료

호빵 4개

넣기만 하면 되는 땡 요리

"몸에 좋다고 사둔 견과류가
점점 눅눅해져 가면
에어프라이어에 넣고 돌리세요.
그럼 바삭바삭 멈출 수가 없는
견과류로 변신해요."

RECIPE 09

구운 견과

Air fryer

160℃ 7분

❶ 냉동실에 있는 호두, 아몬드, 피스타치오를 1줌씩 준비한다.

Tip 좋아하는 견과류를 취향대로 준비하세요.

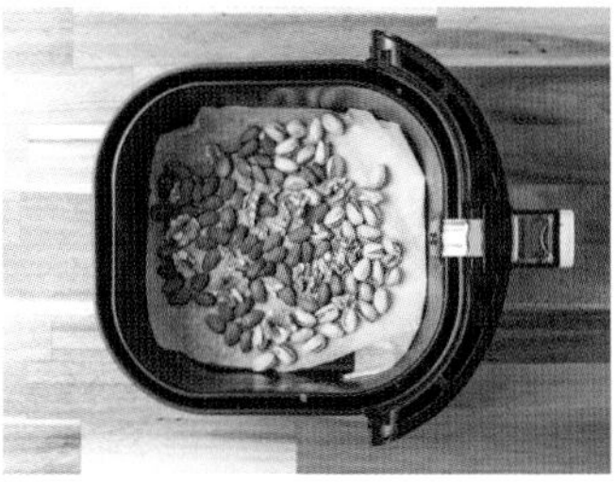

❷ 에어프라이어 바스켓에 종이 포일을 깔고 그 위에 준비한 견과류를 고루 펼쳐서 얹는다.

2인분
재료 준비
(대충 계량해도 맛있어요)

재료
호두 1줌
아몬드 1줌
피스타치오 1줌

❸ 160℃에서 7분 정도 구우면 끝!

RECIPE 10

마늘칩

"마늘칩은 그냥 먹어도 맛있지만,
샐러드나 볶음밥, 파스타에 얹어 먹으면
고급스럽고 맛도 더 살아요.
넉넉하게 만들어 보관 용기나 비닐팩에 넣고
냉동 보관하면 두고두고 먹을 수 있어요."

Air fryer 130℃ 10분 → 뒤집어서 5~7분

2~3인분
재료 준비
(대충 계량해도 맛있어요)

재료
마늘 20~30쪽

❶ 마늘은 편으로 썬다.

❷ 편으로 썬 마늘은 찬물에 두어 번 헹구어 5분 정도 물에 담가 둔다.

❸ 키친타월로 마늘의 물기를 톡톡 닦아낸 다음 에어프라이어 바스켓에 고루 얹는다.

❹ 130℃에서 10분 정도 구워 뒤집어서 5~7분 정도 더 구우면 끝!

RECIPE 11

어묵구이

“

에어프라이어에 최적화된 요리를 소개할게요.
이제부터 어묵이나 핫바 등은 무조건
에어프라이어에 돌려 구우세요.
겉면은 쫄깃하면서 속까지 따끈하게 데워져요.
자, 그럼 돌려 볼게요.

”

Air fryer

200℃ 5~7분

❶ 에어프라이어에 핫바를 넣는다.

❷ 200℃에서 5~7분 정도 굽는다. 노릇노릇하게 구워지면 토마토케첩을 곁들여 먹으면 끝!

Tip 색깔을 보아 중간에 위아래를 뒤집거나 시간을 추가하여 구우세요. 토마토케첩 대신 허니 머스터드, 또는 스위트 칠리 소스 등을 곁들이세요.

2~3인분
재료 준비
(먹을 만큼만 만들어요)

주재료
핫바(또는 긴 어묵) 적당량

소스 재료
토마토케첩
(또는 허니 머스터드,
스위트 칠리 소스) 적당량

RECIPE 12

통오징어구이

"
생물 오징어를 에어프라이어에 구워
좋아하는 소스에 콕콕 찍어 먹으면 맛있어요.
또는 마요네즈 청양고추 소스를 만들어 곁들이면
반찬도 되고 맛있는 안주도 된답니다.
자, 그럼 만들어 볼게요.
"

Air fryer 200℃ 10분 → 뒤집어서 10분

❶ 생물 오징어는 내장을 꺼내어 깨끗하게 씻은 다음 몸통의 양쪽에 칼집을 넣는다.

Tip 오징어는 큰 것은 길이로 반 갈라서 칼집을 내고 작은 것은 통으로 사용해도 좋아요.

❷ 에어프라이어에 오징어를 펼쳐 넣고 200℃에서 10분 정도 굽는다.

2~3인분
재료 준비
(대충 계량해도 맛있어요)

주재료
생물 오징어 2마리

소스 재료
청양고추 1개
마요네즈 3
스위트 칠리 소스 1

❸ 구운 오징어는 뒤집어서 200℃에서 10분 정도 더 구워 한 김 식혀서 먹기 좋게 잘라 그릇에 담는다.

Tip 에어프라이어의 기종에 따라서 온도와 시간은 조절하세요.

❹ 소스 재료인 청양고추 1개는 다지듯 썰어 마요네즈 3과 스위트 칠리 소스 1을 넣고 섞어 오징어구이에 곁들이면 끝!

꿀팁

생물 오징어를 물에 데치면 절대 이 맛이 나지 않아요. 에어프라이어에 구워야 나올 수 있는 맛이에요.

RECIPE 13

대창구이

대창은 제법 두껍고 기름이 많아서
에어프라이어에 구우면 기름이 쫙 빠져서
아주 담백해요. 대창과 함께 채소를 곁들여
시판 삼겹살 양파절임 소스와 먹으면 훨씬 맛있어요.

Air fryer 200℃ 10분 → 잘라서 5~10분

❶ 에어프라이어 바스켓에 대창을 넣고 200℃에서 10분 정도 굽는다.

❷ 노릇하게 구워지면 가위로 한 입 크기로 자른다.

❸ 다시 에어프라이어에 넣고 200℃에서 5~10분 정도 더 구우면 끝!

Tip 양파나 마늘 등을 같이 구워도 좋아요.

1~2인분
재료 준비
(저울·밥숟가락 계량)

주재료
대창 300g

양념 재료
허브맛소금 약간

추가 소스 재료
시판 삼겹살 양파절임 소스 적당량

꿀팁

추가로 구울 때 허브맛소금을 약간 뿌리면 좋아요. 또 시판되는 삼겹살 양파절임 소스를 곁들여 대창과 함께 먹으면 느끼하지 않게, 맛있게 맛볼 수 있어요.

RECIPE 14

라면땅

에어프라이어에 라면 구워 보셨어요? 대에~~~박!
그냥 굽기만 했는데 훌륭한 간식이 돼요.
이제 라면땅도 에어프라이어에 구워 드세요.
10분도 안 되어 추억의 간식이 뚝딱 만들어져요.
자, 그럼 구워 볼게요~

Air fryer　160℃ 5분 → 뒤집어서 3분

❶ 면발이 가는 라면을 준비하여 반으로 뚝 자른다.

Tip 반으로만 잘라서 구운 후에 부수어 먹는 것이 깔끔해요.

❷ 라면을 에어프라이어에 넣고 160℃에 5분 정도 굽는다.

Tip 에어프라이어의 기종 따라서 온도와 시간은 조절하세요.

1~2인분
재료 준비
(대충 계량해도 맛있어요)

주재료
스낵면 1봉

곁들임 재료
설탕 적당량

❸ 라면을 뒤집어 160℃에서 3분 정도 더 굽는다.

❹ 식힌 라면땅은 먹기 좋게 나눠 부수어 설탕에 찍어 먹거나 시럽을 넣고 라면맛탕으로 만들면 끝!

꿀팁

라면땅을 만들기에는 면발이 가는 것이 좋아요. 더 바삭바삭하고 씹는 맛도 좋거든요. 그런데 기름에 튀기지 않아서 설탕이 잘 안 묻어요. 만약 별사탕을 따로 살 수 있다면 같이 먹으면 좋겠어요. 고급스러운 뽀빠이 과자 먹는 느낌이 나거든요. 취향에 따라서 라면땅에 수프를 찍어 먹어도 좋을 듯해요.

#
넣기만
하면 되는
땡 요리

RECIPE 15

마시멜로구이

"
이제 젓가락에 마시멜로를 꿰어
직화로 굽지 마세요.
마시멜로도 에어프라이어에 구워 먹어요.
예쁘게 구우려고 오븐 용기에 담았는데요,
밥공기나 반찬그릇을 이용하거나
종이포일을 깔고 구워도 돼요.
"

Air fryer

180℃ 5분

❶ 오븐 용기에 마시멜로를 간격을 살짝 띄워 얹는다.

Tip 오븐 용기가 없다면 도자기나 내열 용기를 쓰세요.

❷ 에어프라이어 바스켓에 오븐 용기를 얹는다.

1~2인분
재료 준비
(대충 계량해도 맛있어요)

재료
마시멜로 8~10개

❸ 180℃에서 5분 정도 구우면 끝!

Tip 에어프라이어의 기종에 따라서 온도와 시간은 조절하세요.

꿀팁

저는 좀 비는 듯하여 마시멜로를 1개 더 넣었고요, 3분쯤 지나 궁금해서 열어 보고 1개 더 넣고 2분 정도 더 돌렸어요. 제가 사용하는 에어프라이어는 조리 도중 열면 멈추는 것이 아니라 다시 끼워 넣으면 나머지 시간만큼 조리되는 제품이에요.

#
넣기만
하면 되는
땡 요리

RECIPE 16

선드라이 토마토

"
방울토마토가 에어프라이어와 만나면
고급스러운 식재료가 돼요.
선드라이 토마토는 샌드위치나
파스타 등에 곁들이면
레스토랑이 부럽지 않아요.
"

Air fryer

130℃ 40분

❶ 방울토마토는 씻어 물기를 빼서 2등분하여 볼에 담는다. 올리브오일 1을 넣고 가볍게 버무린다.

❷ 에어프라이어 바스켓에 방울토마토의 썬 단면이 위로 가도록 얹는다.

2~3인분
재료 준비
(대충 계량해도 맛있어요)

주재료
방울토마토 20~30개

양념 재료
올리브오일 1(생략 가능)

❸ 130℃에서 40분 정도 구우면 끝!

Tip 선드라이 토마토를 올리브오일에 담가 두면 오래 보관할 수 있어요.

넣기만 하면 되는 맹 요리

RECIPE 17

먹태구이

"손질된 먹태를 에어프라이어에 구우면
껍질까지 맛있게 먹을 수 있어요.
찍먹 소스에 찍어 먹어도 맛있고 좋아하는
시판 소스에 찍어 먹으면 최고의 맥주 안주가 돼요."

Air fryer

180℃ 5분

❶ 먹태는 먹기 좋게 찢은 것으로 준비한다.

Tip 손질된 먹태는 온라인몰에서 구입했어요.

❷ 에어프라이어 바스켓 바닥에 먹태 껍질을 깔고 먹태살을 얹는다.

2인분
재료 준비
(대충 계량해도 맛있어요)

재료
먹태 1마리

❸ 180℃에서 5분 정도 구우면 끝!

Tip 찍먹 소스를 곁들이거나 시판 소스에 찍어 먹어요.

꿀팁

찍먹 소스는 다진 풋고추 1개분, 마요네즈 3, 계란밥 깜짝소스(또는 간장) 1을 섞으면 돼요.

RECIPE 18

비엔나소시지구이

비엔나소시지를 팬에 구우면 기름을 써야 하는데,
에어프라이어를 이용하면 그대로 넣고 굽기만 하면 돼요.
단, 소시지에 숨통이 트이게 칼집은 내어서 구우세요.

Air fryer

180℃ 5분

❶ 비엔나소시지는 어슷하게 칼집을 넣는다.

❷ 에어프라이어 바스켓에 비엔나소시지를 간격을 띄어 얹는다.

Tip 반짝반짝 윤기 나게 구우려면 기름칠을 하여 구우세요.

❸ 180℃에서 5분 정도 구우면 끝!

2인분
재료 준비
(대충 계량해도 맛있어요)

재료
비엔나소시지 20개(160g)

꿀팁

토마토케첩이나 허니 머스터드, 스위트 칠리 소스를 곁들이세요.

RECIPE 19

건빵튀김

“

기름에 퐁당 넣고 튀겨서 설탕을 잔뜩 묻힌
건빵튀김은 진짜 맛있죠? 에어프라이어를 이용하면
적은 기름으로도 바삭하고 달콤한 건빵튀김을 만들 수 있어요.
맛있어서 멈추기 힘드니 다이어트 중인 분들은 조심하세요.

”

Air fryer

160℃ 5분

2인분
재료 준비
(저울·밥숟가락 계량)

주재료
건빵 1봉(75g)
식용유 3

묻힘 설탕 재료
설탕 3

❶ 볼에 건빵을 넣고 식용유 3을 넣어 골고루 버무린다.

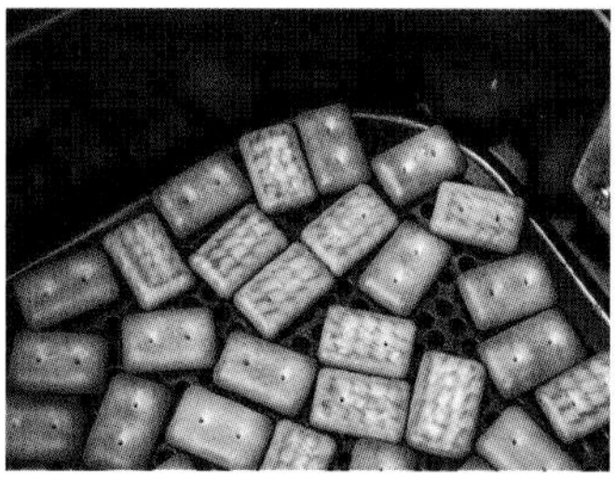

❷ 에어프라이어 바스켓에 건빵을 고루 펼쳐 얹고 160℃에서 5분 정도 굽는다.

❸ 일회용 비닐에 설탕 3을 담고 살짝 식힌 건빵을 넣은 다음 봉투를 흔들어 설탕을 고루 묻히면 끝!

Chapter 02

뚝딱뚝딱

특별 간식과 야식

마트에서 산 돈가스를 겨우 한번 튀기고 에어프라이어와 이별한 분,
생선 한번 구운 후 에어프라이어의 존재를 까맣게 잊고 사는 분….
에어프라이어는 간식과 야식만 돌려먹어도 아깝지 않은
가성비 최고인 필수 가전이에요.
'밥해 먹기도 버거운데 간식과 야식도 만들어 먹으라고?'.
이제 저를 믿고, 아니 에어프라이어를 믿고
홈메이드 간식과 야식의 세계로 빠져 보세요.

RECIPE 01

누룽지 불고기 피자

“
바삭바삭한 누룽지의 맛을 그대로 살리고
간단하게 양념한 고기와
모차렐라 치즈만 있으면 되는
참 괜찮은 간식이에요.
또 간단한 맥주 안주로도 그만입니다.
”

Air fryer

160℃ 5분

❶ 만능소보로 재료인 다진 돼지고기 300g, 설탕 1, 다진 마늘 1, 생강즙 0.3, 청주 3, 맛술 3, 구운 소금 0.5, 후춧가루 약간, 들기름 1을 넣고 조물조물 양념한다.

Tip 미리 양념해 두어도 좋지만 바로 양념해서 바로 볶아도 맛있어요.

❷ 달군 팬에 돼지고기를 넣고 보슬보슬 물기 없이 바싹 볶는다.

❸ 누룽지에 모차렐라 치즈를 먼저 얹고 만능소보로를 적당히 얹은 다음 다시 모차렐라 치즈를 약간 얹는다.

Tip 만능소보로가 없다면 베이컨을 구워 얹어도 좋아요.

❹ 에어프라이어에 얹고 160℃에서 5분 정도 구우면 끝!

2인분
재료 준비
(저울·계량컵·밥숟가락 계량)

주재료
현미 누룽지(손바닥만 한 것) 2장
모차렐라 치즈 1/3컵
만능소보로 3~4

만능소보로 재료
다진 돼지고기 300g
설탕 1
다진 마늘 1
생강즙(또는 생강가루) 0.3
청주 3
맛술 3
구운 소금 0.5
후춧가루 약간
들기름 1

꿀팁

대용량 에어프라이어가 있는 분은 한 번에 구우세요. 저는 무리하지 않고 하나씩 구웠어요. 시간이 5분 정도라 10분이면 구울 수 있으니까요.

RECIPE 02

떡꼬치

떡꼬치도 에어프라이어에 바로 구워 먹어요.
소스를 만드는 것도 귀찮다 싶을 때는
시판 양념치킨 소스를 이용하면 정말 편해요.
자, 그럼 떡꼬치도 만들어 볼게요.

Air fryer

200℃ 7분

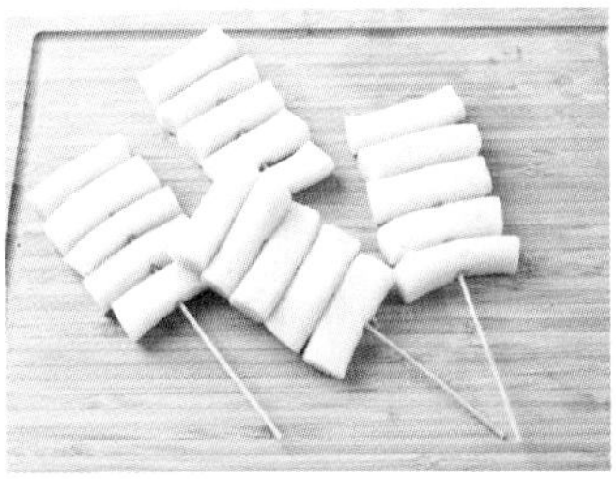

❶ 떡볶이 떡은 말랑말랑하면 그냥 사용하고, 딱딱하면 끓는 물에 데쳐 꼬치에 뀐다.

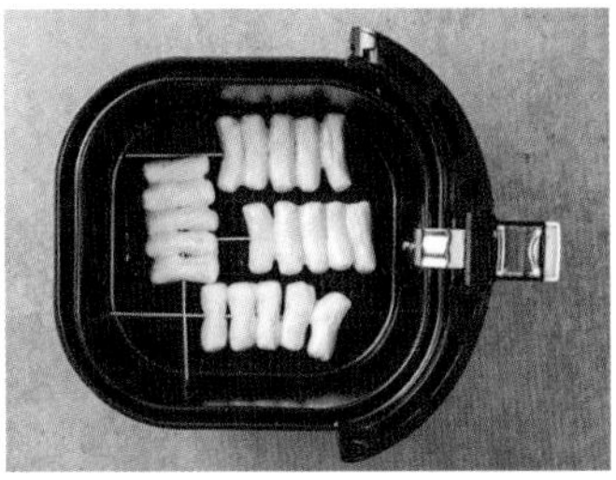

❷ 에어프라이어 바스켓에 떡꼬치를 얹어 200℃에서 7분 정도 굽는다.

Tip 구우면 이렇게 빵빵하게 부풀어요.

❸ 소스 재료인 고춧가루 0.3, 설탕 1, 다진 마늘 0.5, 고추장 1, 토마토케첩 2, 간장 1, 올리고당 2를 넣고 고루 섞어 곁들이거나 오뚜기 양념치킨 소스를 지그재그로 뿌려 먹거나 찍어 먹으면 끝!

Tip 간장 대신 제가 만든 문쓰키친 계란밥 깜짝소스를 넣으면 더 맛있어요.

2~3인분
재료 준비
(밥숟가락 계량)

주재료
떡볶이 떡 20개
오뚜기 양념치킨 소스 적당량

소스 재료
고춧가루 0.3
설탕 1
다진 마늘 0.5
고추장 1
토마토케첩 2
간장 1
올리고당 2

꿀팁

문쓰키친 계란밥 깜짝 소스는 제가 만든 소스예요. 계란 간장밥을 맛있게 만들 수 있는 맛간장인데요. 양념 간장을 만들 때도 일반 간장보다 훨씬 맛있게 만들 수 있어요.

RECIPE 03

만두 그라탱

오늘은 만두를 이용해서 특별식을 만들었어요.
결과는 대성공! 초등 입맛이 좋아하는
만두 그라탱을 아주 쉽게 후딱 만들었어요.
이제 만두 그라탱은 꼭 에어프라이어로!

Air fryer

1분 → 170℃ 7분

❶ 소스 재료 중 다진 양파 2, 송송 썬 청양고추 1을 작은 볼에 넣는다. 나머지 소스 재료인 토마토케첩 2, 스위트 칠리 소스 3, 올리고당 1을 넣고 고루 섞는다.

Tip 양파와 청양고추를 넣으면 맛이 개운해요. 그리고 너무 단맛이 싫다면 올리고당의 양을 줄이세요.

❷ 오븐 용기에 교자 만두를 담고 전자레인지에 1분 정도 돌려 익힌다.

Tip 만두가 해동된 상태라면 그냥 써도 되는데, 해동되지 않았다면 전자레인지에 익혀서 사용하세요.

❸ 소스를 만두에 끼얹은 다음 체다 슬라이스 치즈를 얹는다. 모차렐라 치즈와 장식 재료인 파슬리가루를 솔솔 뿌린다.

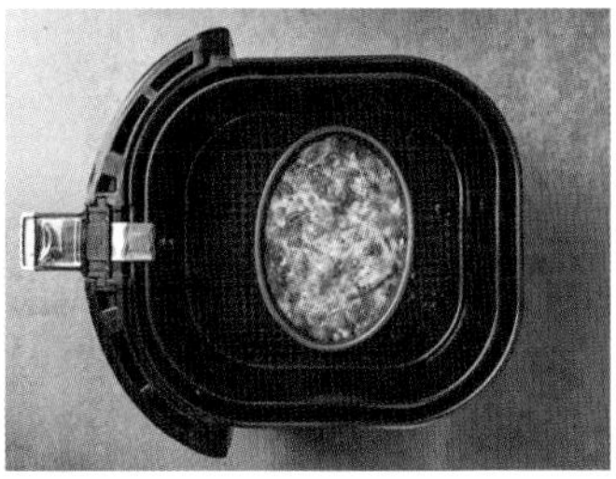

❹ 에어프라이어 바스켓에 오븐 용기를 얹고 170℃에서 7분 정도 구우면 끝!

Tip 용기가 뜨거우므로 꺼낼 때는 반드시 오븐 장갑을 끼고 꺼내세요. 또 에어프라이어의 기종에 따라서 온도와 시간은 조절하세요.

1~2인분
재료 준비
(계량컵·밥숟가락 계량)

주재료
교자 만두 7개
체다 슬라이스 치즈 1장
모차렐라 치즈 1컵

소스 재료
다진 양파 2
송송 썬 청양고추 1
토마토케첩 2
스위트 칠리 소스 3
올리고당 1

장식 재료
파슬리가루 약간

#
특별
간식과
야식

RECIPE 04

베이컨 달걀구이

에어프라이어에 달걀빵을 만들었던 것보다
더 쉽게 만드는 방법을 생각하다가 오늘의 요리인
베이컨 달걀구이를 만들었어요.
만드는 방법을 보면 재미있기도 하고
맛이 없을 수 없는 레시피라서 놀라실 거예요.

Air fryer

160℃ 10~12분

❶ 식빵은 가장자리는 잘라내어 2등분하고 종이컵도 준비한다.

❷ 붓을 이용해 종이컵에 식용유를 골고루 바른다. 기름칠한 종이컵 안에 베이컨을 둘러 넣고 식빵을 넣어 평평하게 받침이 되도록 한다.

Tip 내용물이 잘 빠지라고 기름칠을 했어요. 종이컵 대신 실리콘 머핀틀이나 베이킹틀을 써도 돼요.

2인분
재료 준비
(대충 계량해도 맛있어요)

주재료
식빵 1장
달걀 2개
베이컨 2장

부재료
쪽파 적당량(생략 가능)
소금 · 후춧가루 약간씩

곁들임 재료
파슬리가루 약간

❸ 달걀을 깨어 넣고 송송 썬 쪽파, 소금, 후춧가루를 솔솔 뿌린다.

Tip 쪽파는 없다면 생략해도 돼요. 또는 먹음직하게 파슬리가루를 뿌려도 좋아요.

❹ 에어프라이어에 종이컵을 얹고 160℃에서 10~12분 정도 굽는다.

Tip 에어프라이어의 기종에 따라서 온도와 시간은 조절하세요.

특별 간식과 야식

RECIPE 05

구운 달걀 샌드위치

"빽다방에서 달걀 사라다빵을 파는데,
달걀이 아닌 뭔가가 쫀득쫀득 씹히는 듯
아주 신기한 맛이 나요.
구운 달걀로 샌드위치를 만들어 보니
아주 똑같지는 않아도 맛이 비슷하네요."

Air fryer

구운 달걀 180℃ 12분

❶ 구운 달걀은 크랙이 생기도록 깨서 달걀 사이에 물이 스며들게 물에 담가 껍데기를 살살 깐다.

Tip 구운 달걀 만드는 법은 35쪽을 참고하세요.

❷ 달걀은 포크로 으깨거나 칼로 잘게 다져 볼에 담는다. 달걀 양념 재료인 설탕 0.3, 마요네즈 3, 허니 머스터드 1, 소금과 후춧가루 약간씩을 넣어 고루 섞는다.

Tip 소금과 후춧가루를 약간 넣으면 간이 딱 맞아 훨씬 맛있어요. 믿고 넣어 보세요.

❸ 식빵 한 면에 달걀 사라다를 듬뿍 얹은 다음 체다 슬라이스 치즈를 얹고 나머지 식빵 한장을 포갠다.

❹ 구운 달걀 샌드위치는 랩으로 단단히 감싸서 잠시 두었다가 먹기 좋게 2~4등분하면 끝!

Tip 랩으로 싸서 자르면 더 깔끔하게 자를 수 있고 먹기에도 편해요.

1~2인분
재료 준비
(밥숟가락 계량)

주재료
구운 달걀 3개
식빵 2장
체다 슬라이스 치즈 1장

달걀 양념 재료
설탕 0.3
마요네즈 3
허니 머스터드 1
소금·후춧가루 약간씩

RECIPE 06

콘 치즈

"
오늘의 특별 간식은 집에서는 자주 안 해 먹게 되는
요리이긴 한데, 막상 만들면 엄청 쉬워요.
콘 치즈 요리나 그라탱 종류는 오븐이 아닌,
에어프라이어로 얼마든지 맛 보장 조리가 가능하답니다.
"

Air fryer

180℃ 7분

❶ 옥수수 통조림은 물기를 쪽 빼서 준비하고, 양파와 풋고추는 잘게 다지듯 썬다.

Tip 풋고추 대신 피망이나 브로콜리 다진 것을 넣어도 돼요.

❷ 볼에 옥수수, 양파, 풋고추를 넣고 양념 재료인 설탕 1, 허브맛소금 0.3, 마요네즈 4를 넣고 버무린다.

2인분
재료 준비
(저울·계량컵·밥숟가락 계량)

주재료
옥수수 통조림 1통(280g)
양파 1/4개
풋고추 1개
모차렐라 치즈 1컵
체다 슬라이스 치즈 1장

양념 재료
설탕 1
허브맛소금 0.3
마요네즈 4

❸ 오븐 용기에 ②를 담고 체다 슬라이스 치즈를 뜯어서 얹은 다음 모차렐라 치즈를 수북하게 얹는다.

Tip 2개를 담아 하나만 굽고, 나머지 하나는 토르티야 그릇 피자에 사용해도 좋아요.

❹ 에어프라이어 바스켓에 오븐 용기를 얹고 180℃에서 7분 정도 구우면 끝!

Tip 에어프라이어의 기종에 따라서 온도와 시간은 조절하세요. 또 오븐 장갑을 끼고 용기를 꺼내세요.

꿀팁

옥수수의 물기를 빼는 것이 중요해요. 만약 시간이 없다면 프라이팬에 옥수수를 넣고 물기 없이 바짝 볶아 사용하세요.

#
특별
간식과
야식

RECIPE 07

마약 옥수수

"옥수수는 그냥 먹어도 맛있는데
도대체 어떤 맛이길래
마약이라는 이름이 붙었을까요?
에어프라이어로 구운 옥수수는
단짠단짠의 극치예요."

Air fryer

200℃ 10분

❶ 옥수수는 자숙 된 것으로 준비하여 먹기 좋게 3등분한 다음 버터 2를 녹여 실리콘 붓으로 골고루 바른다.

Tip 초당옥수수를 이용했어요.

❷ 에어프라이어 바스켓에 옥수수를 넣고 200℃에서 10분 정도 굽는다.

❸ 일회용 비닐에 양념 재료인 설탕 1과 파르메산 치즈가루 3을 넣고 구운 옥수수를 넣은 다음 봉지째 흔들어 골고루 양념하면 끝!

Tip 취향대로 추가 재료를 곁들이세요.

2~3인분
재료 준비
(밥숟가락 계량)

주재료
옥수수(자숙) 2개
버터 2

양념 재료
설탕 1
파르메산 치즈가루 3

추가 재료
파르메산 치즈가루 적당량
고춧가루
(또는 크러쉬드 페퍼) 적당량
파슬리가루 약간

RECIPE 08

통살 닭고기버거

인기 햄버거 맛의 비결은
통살 닭튀김에 마요네즈와 설탕이더라고요.
그래서 집에서 더 맛있게 만들어 보았어요.
집에서도 잉글리시 머핀이나
햄버거 번으로 쉽게 만들 수 있어요.

Air fryer

200℃ 10분

❶ 에어프라이어에 통살 치킨 너깃을 넣고 200℃에서 10분 정도 튀긴 다음 뒤집어서 상태를 봐서 조금 더 튀긴다.

Tip 통살 치킨 너깃은 대형마트나 온라인몰에서 쉽게 구입할 수 있어요.

❷ 튀긴 통살 치킨 너깃을 준비하고, 잉글리쉬 머핀은 반으로 가른다. 로메인 레터스는 씻어서 물기를 빼고, 양파는 채 썰고, 루콜라와 파프리카가 있으면 씻어서 준비한다.

Tip 루콜라와 파프리카는 꼭 넣지 않아도 돼요.

❸ 마요네즈 소스 재료인 마요네즈 4와 설탕 1을 넣고 고루 섞어 잉글리시 머핀 한쪽에 듬뿍 펴 바른다. 로메인 레터스를 손으로 뜯어서 얹고 통살 치킨 너깃을 얹고 마요네즈 소스를 뿌린다.

Tip 소스는 레시피 분량대로 넣어야 맛있어요.

❹ 채 썬 양파, 스위트 칠리 소스, 로메인 레터스, 루콜라, 파프리카를 얹는다. 나머지 잉글리시 머핀에 마요네즈 소스를 펴 바른 후 둘을 포개어 랩이나 쿠킹포일에 싸두었다가 조금 지나서 먹으면 끝!

Tip 너무 큼직해서 랩이나 쿠킹포일에 싸둬야 먹기 좋아요.

1인분
재료 준비
(밥숟가락 계량)

주재료
통살 치킨 너깃(큼직한 것) 1장
잉글리쉬 머핀 1개
로메인 레터스 3~4장
양파 1/4개
루콜라 1줌(생략 가능)
파프리카 약간(생략 가능)
스위트 칠리 소스 1

마요네즈 소스 재료
마요네즈 4
설탕 1

#
특별
간식과
야식

RECIPE 09

깐풍 만두

"

에어프라이어가 있다면 꼭 만들어 드시라고
깐풍 만두를 소개해요. 에어프라이어를 사용하면
만두를 기름 없이 튀길 수 있고, 만두를 익히는 동안
소스를 만들면 되니 한결 요리하기 쉬워요.

"

Air fryer

180℃ 10~15분

❶ 에어프라이어에 물만두를 넣고 180℃에서 10~15분 정도 돌린다.
Tip 앞뒤로 노릇하게 익을 수 있도록 중간에 바구니를 탈탈 흔들어 위아래를 바꾸세요.

❷ 깐풍 소스 재료인 대파 1/2대와 홍고추 1/2개는 송송 썬다.

❸ 달군 팬에 식용유 1을 두르고 다진 마늘 1, 대파, 홍고추를 넣고 달달 볶다가 식초 1, 설탕 1, 맛술 1, 간장 2, 올리고당 1, 후춧가루 적당량을 넣고 바글바글 끓인다.
Tip 통후추를 그때그때 갈아 넣으면 더 맛있어요.

❹ 에어프라이어에 튀긴 물만두를 깐풍 소스에 넣고 양념이 고루 묻도록 버무리면 끝!

2인분
재료 준비
(밥숟가락 계량)

주재료
물만두 25개

깐풍 소스 재료
대파 1/2대
홍고추 1/2개
식용유 1
다진 마늘 1
식초 1
설탕 1
맛술 1
간장 2
올리고당 1
후춧가루 적당량

특별 간식과 야식

RECIPE 10

소떡소떡

"에어프라이어에 만들면
훨씬 편하고 더 맛있는 소떡소떡.
떡을 굽는 동안 발라 먹을 소스를
만들면 딱 좋아요. 자, 그럼 만들어 볼게요."

Air fryer 200℃ 5분 → 뒤집어서 5분

2~3인분
재료 준비
(밥숟가락 계량)

주재료
떡볶이 떡 12개
비엔나소시지 9개

소스 재료
고춧가루 0.3
설탕 1
다진 마늘 0.5
고추장 1
토마토케첩 2
간장 1
올리고당 2

장식 재료
통깨 약간
파슬리가루 약간

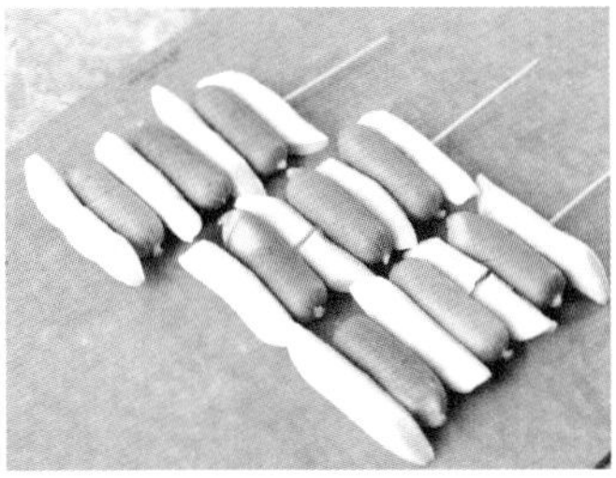

❶ 꼬치에 떡볶이 떡, 비엔나소시지, 떡볶이 떡, 비엔나소시지 순으로 꿴다.

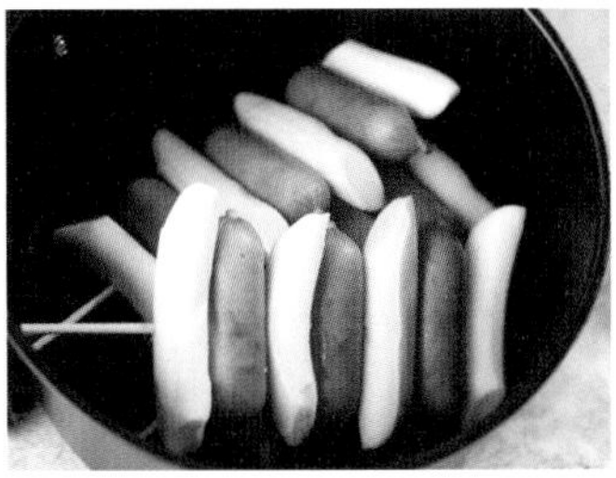

❷ 에어프라이어에 소떡소떡 꼬치를 넣고 200℃에서 5분 정도 굽는다.

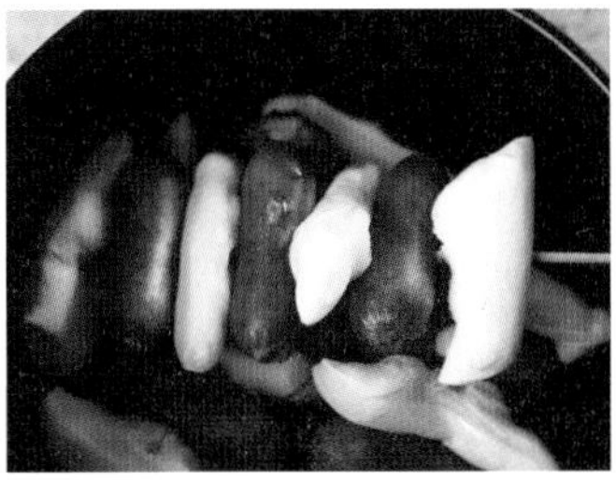

❸ 중간에 한 번 꼬치의 위아래 뒤집어서 200℃에서 5분 정도 더 굽는다.

Tip 에어프라이어의 기종에 따라 온도와 시간은 조절하세요.

❹ 소떡소떡을 굽는 동안 소스 재료인 고춧가루 0.3, 설탕 1, 다진 마늘 0.5, 고추장 1, 토마토케첩 2, 간장 1, 올리고당 2를 넣고 고루 섞는다. 구운 소떡소떡에 붓으로 소스를 앞뒤로 골고루 바르고 통깨와 파슬리가루를 뿌리면 끝!

Tip 소스에 간장 대신 문쓰키친 계란밥 깜짝소스를 넣었더니 더 맛있네요.

RECIPE 11

삼각주먹밥구이

주먹밥을 왜 구워 먹지? 일단 구워보세요.
구운 주먹밥의 참맛과 구수한 맛을 느낄 수 있어요.
저는 멸치볶음을 활용했는데,
명란젓이나 양념 쇠고기로 만들어도 좋아요.

Air fryer 200℃ 5분 → 뒤집어서 3분

❶ 현미 즉석밥에 잔멸치볶음 2~3과 참기름 0.5를 넣어 고루 섞는다.

❷ 주먹밥 틀을 이용해 큼직하게 삼각 주먹밥을 2개 만든다. 주먹밥에 실리콘 붓을 이용해 시판 데리야끼 소스 2~3을 고루 바른다.

Tip 틀이 없다면 손으로 삼각형 모양을 만들어도 좋아요.

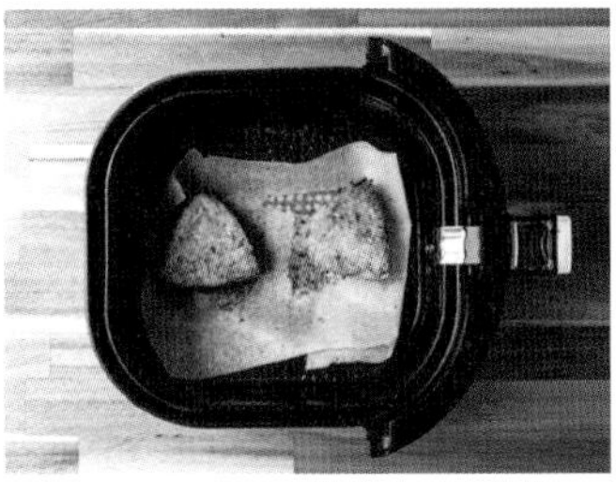

❸ 에어프라이어 바스켓에 종이 포일을 깔고 주먹밥을 얹은 다음 200℃에서 5분 정도 굽는다.

❹ 뒤집어서 3분 정도 더 굽고, 김밥용 김으로 띠를 만들면 끝!

2인분
재료 준비
(밥숟가락 계량)

주재료
현미 즉석밥(작은 것) 2개(260g)
시판 데리야끼 소스 2~3
김밥용 김 1/2장

밥 양념 재료
잔멸치볶음 2~3
참기름 0.5

꿀팁

입맛에 맞는 다양한 시판 데리야끼 소스를 곁들여도 좋아요.

특별 간식과 야식

RECIPE 12

고구마 맛탕

"
고구마를 기름에 퐁당 넣어
튀기지 않아도 달콤하고 촉촉한 고구마를
콕콕 찍어 먹는 맛이란!
인생도 이렇게 달콤했으면 좋겠어요.
에어프라이어로 고구마 맛탕을 잘하려면?
오늘 그 팁을 알려드릴게요.
"

Air fryer

180℃ 12~15분

2~3인분
재료 준비
(저울·밥숟가락 계량)

주재료
고구마(큰 것) 2개
(*껍질 깐 상태 600g)
식용유 2

시럽 재료
식용유 1
설탕 3
올리고당 5
소금 약간

추가 재료
검은깨 약간

❶ 고구마는 껍질을 벗겨 한입 크기로 썰어 찬물에 두어 번 헹궈 잠시 물에 담가 녹말을 뺀다. 고구마를 건져 키친타월로 물기를 톡톡 닦아 볼에 담고 식용유 2를 넣고 잘 버무린다.

❷ 에어프라이어 바스켓에 고구마를 넣고 180℃에서 12~15분 정도 굽는다.

Tip 에어프라이어의 기종과 고구마의 양에 따라서 온도와 시간은 조절하세요.

❸ 달군 팬에 시럽 재료인 식용유 1, 설탕 3, 올리고당 5, 소금 약간을 넣고 바글바글 끓인다.

Tip 중간에 젓지 말고 팬을 돌려가면서 시럽 재료를 잘 섞으세요.

❹ 시럽에 구운 고구마를 넣고 고루 버무린 다음 접시에 담고 검은깨를 솔솔 뿌리면 끝!

꿀팁

고구마를 물에 담가둘 때 굵은소금을 넣으면 간이 배어 훨씬 달게 느껴져요. 또 고구마에 기름으로 코팅을 하여 구우면 금방 익을 뿐만 아니라 더 촉촉하게 구워져요.

특별 간식과 야식

RECIPE 13

고구마 스틱

오도독오도독 씹는 맛이 나는 고구마 스틱이에요.
에어프라이어로도 요령껏 하면 기름에 퐁당 넣고 튀긴
식감이 나는 고구마 스틱을 만들 수 있어요.
그 방법을 알려드릴게요.

Air fryer 180℃ 10분 → 뒤집어서 7분

❶ 고구마는 일정하게 채 썰어 찬물에 두어 번 헹군다. 고구마가 잠길 정도의 찬물을 붓고 굵은소금 1을 넣어 10분 정도 담근다.

Tip 일정하게 채를 썰어야 골고루 익어요.

❷ 고구마는 물기를 쪽 빼서 키친타월로 톡톡 닦아 물기를 없앤 다음 식용유 3을 넣고 고루 버무린다.

Tip 식용유로 버무리지 않고 스틱을 만들어도 좋아요.

2~3인분

재료 준비

(저울·밥숟가락 계량)

주재료

고구마(껍질 깐 것) 400g

식용유 3

고구마 담금물 재료

물 적당량

굵은소금 1

❸ 에어프라이어 바스켓에 고구마를 넣고 180℃에서 10분 정도 1차로 굽는다.

Tip 고구마가 최대한 겹치지 않도록 펼쳐 넣으세요.

❹ 고구마를 뒤집어 7분 정도 더 구우면 끝!

Tip 에어프라이어의 기종과 고구마의 양에 따라서 온도와 시간은 조절하세요.

꿀팁

중간중간 열어보면서 살살 뒤적뒤적해서 앞뒤로 안 익은 것까지 고루 익도록 하세요. 또 완성된 고구마 스틱은 바로 꺼내지 말고 식혔다가 꺼내면 훨씬 쉽게 꺼낼 수 있어요.

특별 간식과 야식

RECIPE 14

명엽채구이

"명엽채를 양념에 조물조물 무쳐
에어프라이어에 3분만 돌리면
색다른 명엽채과자를 맛볼 수 있어요.
아마도 이거 만드느라 에어프라이어가
불티나게 돌아갈 거예요.
자, 그럼 만들어 볼게요."

Air fryer

2~3인분
재료 준비
(저울·밥숟가락 계량)

주재료
명엽채 2줌(100g)

양념 재료
설탕 1
올리브오일 3
후춧가루 약간
파슬리가루 약간(생략 가능)

❶ 명엽채는 엉킨 것을 풀어서 볼에 넣고 양념 재료인 설탕 1, 올리브오일 3, 후춧가루 약간, 파슬리가루 약간을 넣고 골고루 섞는다.

❷ 에어프라이어 바스켓에 명엽채를 겹쳐지는 부분이 적도록 넣는다.

Tip 얼기설기 엉켜 있는데, 되도록 고루 펼치세요.

❸ 160℃에서 3~4분 정도 구우면 끝!

Tip 에어프라이어의 기종과 양에 따라서 온도와 시간은 조절하세요.

꿀팁

명엽채는 생각보다 타기 쉬우니 온도는 낮게 잡아 조리되는 것을 보면서 조절하세요. 또 뒤적여서 위치를 바꿔도 좋아요.

RECIPE 15

반건조 오징어 버터구이

"
반건조 오징어에 약간의 정성을 더하면 술이 맛있어지고
영화가 더 재미있어지는 훌륭한 간식 겸 안주가 돼요.
맛의 비결은 5분 정도 구워서 버터 양념에
버무린 다음 살짝 더 굽는 거예요.
"

Air fryer 180℃ 5분 → 3분

❶ 반건조 오징어는 다리는 떼어 내고 몸통은 가위집을 넣는다.

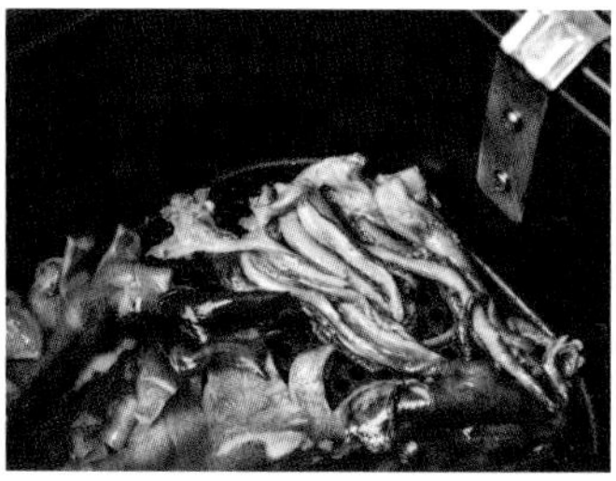

❷ 에어프라이어 바스켓에 오징어를 얹고 180℃에서 5분 정도 굽는다.

❸ 몸통과 다리를 먹기 좋게 손으로 찢어 볼에 넣는다. 양념 재료인 녹인 버터 2, 파르메산 치즈가루 1, 파슬리가루 약간을 넣어 조물조물 무친다.

Tip 땅콩버터를 넣으면 땅콩버터 맛이 나는 오징어구이가 돼요. 파르메산 치즈가루는 없다면 빼도 괜찮아요.

❹ 에어프라이어 바스켓에 오징어를 얹고 180℃에서 3분 정도 더 구우면 끝!

2인분
재료 준비
(밥숟가락 계량)

주재료
반건조 오징어(중간 것) 2마리

양념 재료
녹인 버터 2
파르메산 치즈가루 1(생략 가능)
파슬리가루 약간

특별 간식과 야식

RECIPE 16

진미채 버터구이

진미채 하면 예전에는 반찬 생각이 났는데,
이제는 영화관에서 먹는 버터구이가 먼저 떠올라요.
버터와 설탕에 버무려 구워 먹는 맛이 끝내줘요.
집에서 영화 볼 때 즐기세요.

Air fryer

160℃ 3~4분

2~3인분
재료 준비
(저울·밥숟가락 계량)

재료
진미채 2줌(100g)
녹인 버터 2
설탕 1
파슬리가루 약간(생략 가능)
후춧가루 약간(생략 가능)

❶ 진미채는 녹인 버터 2, 설탕 1, 파슬리가루, 후춧가루를 넣고 고루 버무린다.

Tip 후추는 통후추를 그때그때 갈아 넣어야 더 맛있어요.

❷ 에어프라이어 바스켓에 양념 진미채를 겹치지 않도록 넣는다.

❸ 160℃에서 3~4분 정도 구우면 끝!

Tip 중간에 한번 위치를 바꿔 뒤적이면 좋아요. 그래야 고루 노릇하게 익어요.

특별 간식과 야식

RECIPE 17

감자채구이

"우리 집 녀석들이 유일하게 먹는 감자 요리예요.
늘 팬에 해주던 간식인데, 에어프라이어로도 된다는 사실!
감자를 최대한 가늘게 썰고
기름을 좀 두르고 굽는 것이 포인트예요."

Air fryer | 200℃ 10분 → 뒤집어서 5분

❶ 감자는 곱게 채 썰고 베이컨은 잘게 썬다.

❷ 볼에 채 썬 감자와 베이컨을 넣고 감자녹말 1과 허브맛소금 0.3을 넣고 고루 섞는다.

1장
재료 준비
(저울·밥숟가락 계량)

주재료
감자(껍질 깐 것) 200g
베이컨 2장
식용유 4

양념 재료
감자녹말 1
허브맛소금 0.3

❸ 에어프라이어 바스켓에 종이포일을 깔고 식용유 3을 두른 다음 감자채를 고르게 펼쳐 얹는다. 윗면에 실리콘 붓으로 나머지 식용유 1을 고루 바른다.

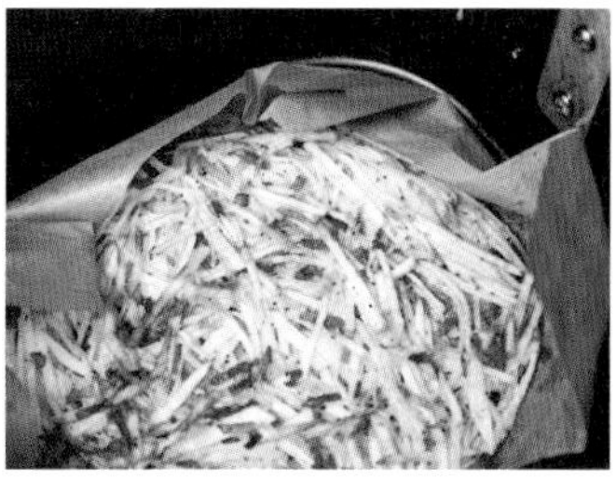

❹ 200℃에서 10분 정도 구워 종이포일째 뒤집어 다시 200℃에서 5분 정도 구우면 끝!

꿀팁

종이포일을 그대로 휙 뒤집어 에어프라이어 바스켓에 감자를 넣고 종이포일을 빼서 추가로 5분 정도 더 구우세요. 그러면 전체적으로 훨씬 바삭하게 구워져요.

RECIPE 18

치즈딥과 구운 나초

"
이 요리는 집에 남은 온갖 치즈를
맛있게 처리할 때 아주 좋아요.
치즈를 우유와 마른 과일에 버무려 구우면 되거든요.
나초도 구워 함께 먹으면 환상 그 자체랍니다.
"

Air fryer 치즈딥 180℃ 5~6분 나초 160℃ 3분

2인분
재료 준비
(계량컵·밥숟가락 계량)

재료
크림치즈 5
체다 슬라이스 치즈 1장
남은 치즈 2장
크랜베리 1줌
우유 5
모차렐라 치즈 1컵
나초 적당량

❶ 냉장고 속 남은 치즈를 준비한다.

Tip 모차렐라 치즈를 기본으로 남은 치즈를 모아 사용하세요. 마른 과일도 있으면 넣으세요.

❷ 볼에 치즈, 크랜베리, 우유를 넣고 고루 섞어 오븐 용기에 담고 모차렐라 치즈를 얹은 다음 크랜베리로 군데군데 장식한다.

Tip 장식용 크랜베리는 조금 남겨두세요.

❸ 에어프라이어 바스켓에 오븐 용기를 얹어 180℃에서 5~6분 정도 구운 다음 오븐 장갑을 끼고 꺼낸다.

❹ 에어프라이어 바스켓에 나초 적당량을 고루 펼쳐 얹고 160℃에서 3분 정도 구워 치즈딥에 곁들이면 끝!

RECIPE 19

새우볶음밥

“

에어프라이어로 볶음밥도 될까요?
우리가 생각하는 볶음밥은 아니지만,
내내 불 앞에 서서 볶아야 하는 볶음밥이 아니라
너무 편해요. 맛도 제법 좋아요.

”

Air fryer 180℃ 7분 → 뒤집어서 3분

1인분
재료 준비
(저울·밥숟가락 계량)

주재료
현미밥(작은 공기) 1공기(130g)
새우살 7개
비엔나소시지 3개
당근 약간
대파 1줌
달걀 1개
식용유 2

양념 재료
참치진국(또는 문쓰키친 계란밥 깜짝소스) 1
허브맛소금 약간

❶ 새우살은 씻고 비엔나소시지는 먹기 좋게 썰고 당근은 잘게 썰고 대파는 송송 썬다.

Tip 볶음밥 재료는 냉장고 자투리 채소를 취향대로 준비하세요.

❷ 볼에 현미밥과 준비한 재료를 모두 넣고 달걀과 양념 재료인 참치진국 1과 허브맛소금 약간을 넣어 고루 섞는다.

❸ 에어프라이어 바스켓에 종이 포일을 깔고 식용유 2를 고루 바른 다음 양념한 밥을 고루 펼쳐 얹는다.

❹ 180℃에서 7분 정도 구워 볶음밥을 뒤적뒤적 뒤집어서 3분 정도 더 구우면 끝!

꿀팁

참치진국은 일반 간장을 대신할 수 있는 맛간장이에요. 훈연 참치의 진액에 표고버섯과 다시마 등의 재료를 넣어 감칠맛이 나요.

#
특별
간식과
야식

RECIPE 20

오치즈프라이

냉동 감자튀김에 약간의 정성을 더 하면
요리다운 요리가 되는 오치즈프라이예요.
종이포일을 깔고 온갖 재료를 얹어 맛있게 만드세요.

Air fryer 200℃ 7분 → 180℃ 5분

❶ 냉동 감자튀김을 에어프라이어 바스켓에 고루 펼쳐 얹어 200℃에서 7분 정도 구워 따로 꺼내 둔다.

❷ 냉동 감자를 굽는 동안 양파와 베이컨은 잘게 썰고 대파도 송송 썬다.

❸ 바스켓에 종이포일을 깔고 감자튀김, 베이컨, 양파, 대파를 고루 얹고 스위트 칠리 소스 3~4, 체다 슬라이스 치즈 1장, 모차렐라 치즈 1/2컵을 군데군데 얹는다. 파슬리가루를 뿌린다.

Tip 스위트 칠리 소스 대신 토마토 소스를 뿌려도 좋아요.

❹ 180℃에서 5분 정도 구워 종이포일째 그릇에 담으면 끝!

2인분
재료 준비
(저울·계량컵·밥숟가락 계량)

주재료
냉동 감자튀김 3줌(300g)
양파 1/4개
베이컨 2장
대파(또는 할라피뇨) 약간
스위트 칠리 소스 3~4
체다 슬라이스 치즈 1장
모차렐라 치즈 1/2컵

장식 재료
파슬리가루 적당량

Chapter 03

"

에어프라이어 사길 잘했지!

일품요리, 고기와 해물

"

에어프라이어를 언제 제일 잘 샀는지 생각해보면
기름진 고기에서 기름이 쫙 빠져나오는 순간이 그러하고,
비린내가 진동하는 생선이 비린내 없이 요리되어 나오는 순간이 딱 그러해요.
기름이 튈까 밖에서 외식으로 먹던 삼겹살구이,
늘 밥상에 올리고 싶은 생선구이도 이젠 에어프라이어로 요리하세요.

RECIPE 01

통삼겹살구이

"
아이들이 고기 덕후라서 삼겹살을 자주 먹어요.
통삼겹살은 에어프라이어에 구우면 겉은 바삭바삭
속은 촉촉해요. 좋아하는 소스에 찍어 먹어도 좋고,
삼삼하게 구워서 김치에 싸서 먹어도 꿀맛이에요.
자, 그럼 또 구워 볼게요~
"

Air fryer 180℃ 10분 → 뒤집어서 10분(덜 익었으면 10분 +)

❶ 통삼겹살은 통으로 잘라 칼집을 듬성듬성 내서 양념 재료인 허브맛소금을 골고루 솔솔 뿌린다.

Tip 레시피는 1kg인데, 사진의 양은 500g이에요. 미리 만들어 두지 마시고 바로 먹을 양만 조리하세요.

❷ 에어프라이어에 통삼겹살을 차곡차곡 넣고 180℃에서 10분 정도 굽는다.

Tip 에어프라이어의 기종에 따라서 온도와 시간은 조절하세요.

3~4인분
재료 준비
(저울 계량)

주재료
통삼겹살 1kg

양념 재료
허브맛소금(또는 시즈닝 솔트) 적당량

❸ 위아래를 뒤집어 180℃에서 10분 정도 더 굽는다.

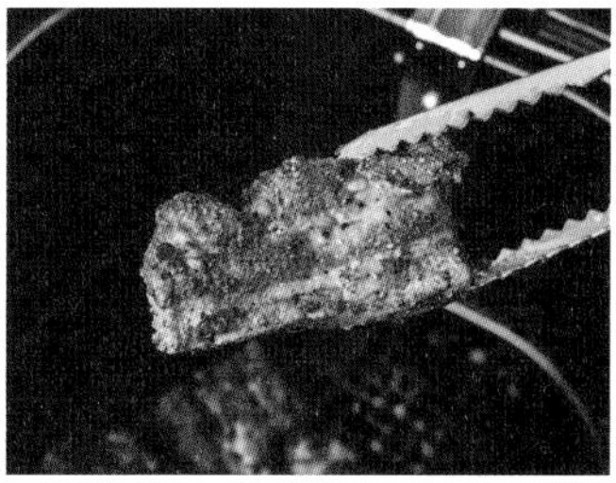

❹ 통삼겹살의 덜 익은 부위를 위쪽으로 뒤집어 180℃에서 10분 정도 더 구워 먹기 좋게 자르면 끝!

꿀팁

고기 요리에 허브맛소금이나 시즈닝 솔트 등을 넣으면 더 맛있어요. 고기에 뿌리면 맛있어지는 나만의 취향저격 소금을 찾아보세요. 저도 이것저것 넣어 다양하게 맛보고 있는데, 요즘은 외국에 다녀온 친구가 사다 준 양파맛소금을 쓰고 있어요.

RECIPE 02

삼겹살구이

"
대용량 에어프라이어를 들이고 나서
정말 편하게 해 먹는 음식이 삼겹살구이예요.
삼겹살을 한 번에 500g이나 구워주는
기특한 에어프라이어가 있어요!
기름도 안 튀고, 또 여러 번 뒤집지 않아도 되고,
기름까지 쪽 빼주니까 정말 좋아요.
자, 그럼 기름 쫙 빠지게 구워 볼게요.
"

Air fryer 180℃ 10분 → 뒤집어서 5분

❶ 칼집 삼겹살은 대용량 에어프라이어 바스켓에 겹치지 않게 펼쳐 얹고 허브맛소금 적당량을 솔솔 뿌린다.

Tip 평소 좋아하는 소금을 골고루 뿌리세요. 안 뿌리면 맛이 없어요.

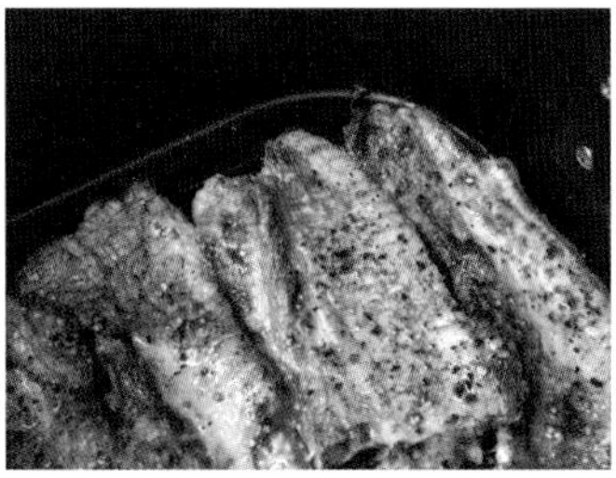

❷ 180℃에서 10분 정도 굽는다.

Tip 에어프라이어의 기종과 고기의 두께에 따라서 온도와 시간은 조절하세요.

❸ 위아래를 뒤집어서 180℃에서 5분 정도 더 구우면 끝!

Tip 저는 10분 정도 더 구웠더니 너무 바짝 구워졌어요. 5분만 더 구우면 딱 좋아요.

2~3인분
재료 준비
(저울 계량)

주재료
칼집 삼겹살 500g
허브맛소금 적당량

곁들임 재료
쌈장(또는 대왕 삼겹살 소스) 적당량

꿀팁

삼겹살 500g을 굽고 났더니 바스켓 아래로 빠진 기름이에요.

RECIPE 03

고추장 삼겹살구이

에어프라이어가 있으니
고추장 삼겹살도
세상 편하게 만들 수 있어요.
촉촉하고 윤기가 자르르 흐르는
고추장 삼겹살에 파채를 썰어
얼음물에 담갔다가 곁들여 먹으면
더 맛있어요. 자, 고기 구우러 갑니다~

Air fryer 180℃ 8분 → 뒤집어서 3분 → 뒤집어서 3분

❶ 양념장 재료인 고추장 2, 다진 마늘 0.5, 생강즙 0.3, 청주 3, 꿀 3, 간장 1을 골고루 섞는다.

❷ 칼집 삼겹살은 바스켓에 겹치지 않게 펼쳐 넣고 허브맛소금을 골고루 솔솔 뿌린 다음 180℃에서 8분 정도 굽는다.

Tip 소금을 뿌리지 않으면 맛이 없어요. 고추장 소스 양념을 발라 구울 거라서 소금은 한쪽만 살짝 뿌리면 돼요.

2~3인분
재료 준비
(저울·밥숟가락 계량)

주재료
삼겹살 500g
허브맛소금 적당량

양념장 재료
고추장 2
다진 마늘 0.5
생강즙(또는 생강가루) 0.3
청주 3
꿀 3
간장 1

❸ 구운 고기는 뒤집어 양념장을 고루 발라 180℃에서 3분 정도 굽는다.

❹ 다시 고기를 뒤집어 나머지 양념장을 모두 펴 바른 다음 180℃에서 3분 정도 더 구우면 끝!

Tip 에어프라이어의 기종과 고기의 두께에 따라서 온도와 시간은 조절하세요.

꿀팁

뒤집어 굽는 과정이 귀찮아도 정공법으로 구우세요. 조리되는 과정도 살펴보고 시간도 체크하게 되어 고기를 고루 익힐 수 있어요. 에어프라이어는 열선이 위쪽에 있어서 아래쪽은 덜 익는 편이에요.

RECIPE 04

데리야키 등갈비구이

"
달곰하면서도 짭조름한 데리야키 소스와
등갈비는 참 잘 어울려요.
오븐에 구우면 번거롭던 등갈비 요리가
에어프라이어 덕에 한결 쉬워졌어요.
"

Air fryer　180℃ 10분 → 5분 → 뒤집어서 3분

2인분
재료 준비
(저울·밥숟가락 계량)

주재료
돼지 등갈비 500g
시판 데리야끼 소스 5~6

밑간 재료
다진 마늘 0.5
청주 1
허브맛소금 0.3
올리브오일 2

❶ 돼지 등갈비는 뼈 쪽의 하얀 막을 제거하여 뼈대를 하나씩 자른다. 찬물에 서너 번 헹구어 물에 10분 정도 담가 핏물을 뺀다.

Tip 뼈 쪽의 막을 제거해야 양념이 잘 배요.

❷ 물기를 쪽 뺀 돼지 등갈비는 밑간 재료인 다진 마늘 0.5, 청주 1, 허브맛소금 0.3, 올리브오일 2를 넣고 고루 버무린다.

❸ 에어프라이어 바스켓에 종이 포일을 깔고 돼지 등갈비의 살이 많은 부분을 위쪽으로 하여 겹치지 않게 얹어 180℃에서 10분 정도 굽는다.

❹ 붓으로 시판 데리야끼 소스를 골고루 바르고 180℃에서 5분 정도 구운 다음 뒤집어서 3분 정도 더 구우면 끝!

Tip 등갈비가 타지 않게 중간중간 소스를 바르면서 살펴보세요.

RECIPE 05

데리야키 목살구이

구이용으로는 삼겹살에 늘 밀리는 목살도
데리야키 소스를 만나면 훌륭한 목살 스테이크로 변신해요.
목살 스테이크가 구워지는 동안
같이 곁들일 채소 반찬도 준비하세요.

Air fryer　180℃　10분 → 5분 → 뒤집어서 3분

❶ 돼지고기 목살에 밑간 재료인 다진 마늘 0.5, 청주 1, 허브맛소금 0.3을 뿌려 양념한다.

❷ 에어프라이어 바스켓에 종이 포일을 깔고 돼지고기 목살을 겹치지 않게 얹어 180℃에서 10분 정도 굽는다.

2~3인분
재료 준비
(저울·밥숟가락 계량)

주재료
돼지고기 목살 500g
시판 데리야끼 소스 5~6

밑간 재료
다진 마늘 0.5
청주 1
허브맛소금 0.3

❸ 시판 데리야끼 소스를 골고루 발라 180℃에서 5분 정도 굽는다.

❹ 뒤집어서 3분 정도 더 구우면 끝!

Tip 온도와 시간은 에어프라이어의 기종에 따라서 조절하세요.

꿀팁

시판 데리야끼 소스는 고기에 발라 먹는 소스나 덮밥용 고기 양념용으로 즐겨 써요.

RECIPE 06

핫 윙

"

에어프라이어가 생기면서 집에서 만드는
고기 요리가 더 과감해졌어요.
고기에 간단한 밑간을 하여
에어프라이어에 넣기만 하면
근사한 요리가 되거든요.
핫 윙도 간단하게 자주 해 먹어요.

Air fryer

180℃ 8분 → 뒤집어서 8분

❶ 닭 날개는 물에 깨끗이 씻어 키친타월로 물기를 톡톡 닦아 볼에 넣는다. 양념 재료인 다진 마늘 1, 간장 2, 꿀 2, 올리브오일 1, 청주 1, 생강즙 0.3, 허브맛소금 0.5를 넣고 버무려 양념한다.

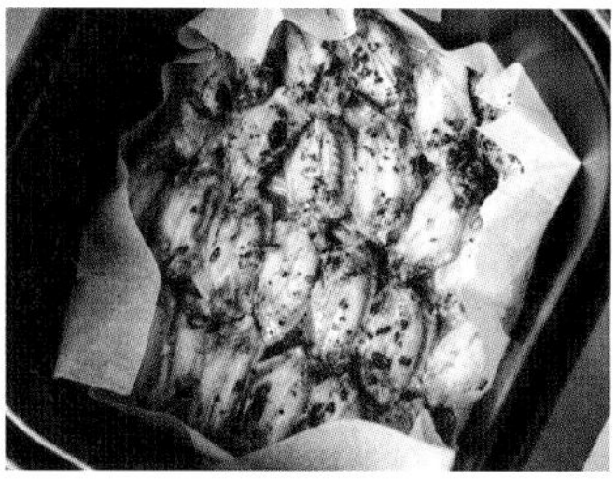

❷ 에어프라이어 바스켓에 종이포일을 깔고 양념한 닭 날개를 펼쳐 얹고 180℃에서 8분 정도 굽는다.

Tip 종이포일을 깔아야 닭고기가 바닥에 눌어붙거나 살점이 떨어져 나가지 않아요.

❸ 닭 날개를 뒤집어서 8분 정도 더 구우면 끝!

Tip 온도와 시간은 에어프라이어의 기종에 따라서 조절하세요.

2~3인분
재료 준비
(저울·밥숟가락 계량)

주재료
닭 날개 500g(20개 정도)

양념 재료
다진 마늘 1
간장 2
꿀(또는 아가베시럽) 2
올리브오일 1
청주 1
생강즙(또는 생강가루) 0.3
허브맛소금 0.5

RECIPE 07

고추 핫 윙

오늘의 요리는 밑 양념을 한 윙을 에어프라이어에 1차로 굽고,
고추를 넣은 간장 소스에 버무린 핫 윙이에요.
아이들에게 만들어 먹일 때마다
"엄마가 해준 것이 세상 최고로 맛있지? 그렇지? 그렇지?" 하고
물으면 녀석들이 그렇다고 고개를 끄덕끄덕합니다.
자, 가족을 위해서 고추 핫 윙을 같이 만들어요~

Air fryer

❶ 닭 윙은 찬물에 깨끗이 씻어 물기를 뺀다. 닭 윙에 밑 양념 재료인 허브맛소금 적당량, 청주 2, 다진 마늘 0.5, 올리브오일 3을 넣고 조물조물 양념한 다음 감자녹말 2를 넣고 고루 섞어서 튀김옷을 입힌다.

Tip 닭에서 기름기가 나와도 따로 기름을 넣으면 더 잘 튀겨져요.

❷ 대용량 에어프라이어에 종이포일을 깔고 양념한 닭 윙을 겹치지 않게 얹은 다음 180℃에서 8분 정도 굽는다. 위아래를 뒤집어서 180℃에서 8분 정도 더 구워 한 김 식힌다.

Tip 에어프라이어의 기종에 따라서 온도와 시간은 조절하세요.

❸ 팬에 식용유를 두르고 어슷하게 썬 청양고추 1개분, 베트남 건고추 10개, 다진 마늘 1을 넣고 달달 볶는다. 이어서 맛간장 2, 설탕 1, 식초 2, 올리고당 3, 청주 2, 물 1/2컵을 넣고 양이 반이 될 때까지 조린다.

❹ 소스에 미리 구운 닭을 넣고 버무리면 끝!

Tip 에어프라이어로 치킨을 만들 때에는 기종과 닭의 양에 따라서 조리 시간이 달라져요.

2~3인분
재료 준비
(저울·계량컵·밥숟가락 계량)

주재료
닭 윙(또는 닭봉) 500g

밑 양념 재료
허브맛소금 적당량
청주 2
다진 마늘 0.5
올리브오일 3

튀김옷 재료
감자녹말 2

고추 간장 소스 재료
청양고추 1개
베트남 건고추 10개
다진 마늘 1
맛간장 2
설탕 1
식초 2
올리고당 3
청주 2
물 1/2컵
식용유 약간

꿀팁

종이포일을 깔고 조리하면 닭 껍질이 바스켓에 눌어붙는 것을 방지할 수 있어요.

RECIPE 08

닭 다리튀김 구이

치킨 튀김가루를 입힌 치킨 튀김을
에어프라이어에 할 수 있을까 싶어 만들어 봤어요.
결론은 기름에 튀기는 것처럼 바삭바삭 맛있지는 않지만,
건강하고 손쉽게 튀겨 먹기에 딱 좋은 닭 다리튀김 구이예요.

Air fryer

❶ 닭 다리살만 발라낸 닭정육은 껍질째 찬물에 헹궈 물기를 뺀다. 밑간 재료인 청주 2와 소금 약간을 뿌려 살짝 간을 한다.

❷ 볼에 치킨 튀김가루를 넣고 닭정육을 한 장씩 넣어 꾹꾹 눌러가면서 튀김옷을 묻힌다. 튀김옷을 입힌 닭정육을 10분 정도 둔다.

Tip 치킨 튀김가루로 간단하게 치킨을 만들 수 있어요. 또는 생선을 튀길 때 부침가루 대신 묻혀서 튀기면 맛있어요.

❸ 에어프라이어에 종이포일을 깔고 닭을 껍질쪽이 위로 오도록 얹어 200℃에서 10분 정도 굽는다.

Tip 바삭바삭하게 튀기려면 위쪽에 기름칠을 하면 돼요.

❹ 위아래를 뒤집어서 200℃에서 10분 정도 더 굽는다. 같은 방법으로 나머지 닭도 구우면 끝!

Tip 에어프라이어의 기종에 따라서 온도와 시간은 조절하세요.

2~3인분
재료 준비
(저울·밥숟가락 계량)

주재료
닭정육 5~6장(500g)
시판 치킨 튀김가루 5~6

밑간 재료
청주 2
소금 약간

꿀팁

다시 데워 먹을 때는 에어프라이어에 넣고 160℃에서 5~7분 정도 구우면 돼요. 밖에서 시켜 먹은 치킨도 식어서 다음 날 다시 먹어야 할 때는 에어프라이어에 데우세요. 갓 구운 듯 닭튀김의 맛이 살아나요.

RECIPE 09

닭봉구이

에어프라이어에 닭봉구이를 만들었더니
대박집으로 소문나겠어요.
등갈비구이 레시피로 닭봉구이를 만들었는데,
엄청 맛있어요. 에어프라이어를 시간 맞춰서 돌리면서
다른 요리 하다가, 땡 소리 나면 다시 돌려놓고
다른 요리 하고…. 자, 그럼 만들어 볼게요.

Air fryer

200℃ 10분 → 뒤집어서 8~10분

❶ 닭봉은 신선한 것으로 준비해 찬물에 헹궈 물기를 쪽 뺀다. 밑간 양념 재료인 허브맛소금 0.5, 다진 마늘 0.5, 맛술 1, 카레 가루 2, 올리브오일 2를 넣고 조물조물 버무려 20~30분 정도 재운다.

Tip 양념하여 냉장고에 하루 재워도 좋아요.

❷ 에어프라이어에 양념한 닭봉을 고루 펼쳐 얹고 200℃에서 10분 정도 굽는다.

❸ 위아래를 뒤집어 200℃에서 8~10분 정도 더 굽는다.

❹ 익지 않은 쪽이 있으면 위쪽으로 뒤집어 살펴보고 추가로 더 구우면 끝!

Tip 총 20분 구웠어요. 에어프라이어의 기종에 따라서 온도와 시간은 조절하세요.

2인분
재료 준비
(저울·밥숟가락 계량)

주재료
닭봉(또는 닭 윙) 13~14개(500g)

밑간 양념 재료
허브맛소금 0.5
다진 마늘 0.5
맛술(또는 청주) 1
카레 가루 2
올리브오일 2

꿀팁

뒤집어 굽는 과정이 귀찮아도 정공법으로 구우세요. 조리되는 과정도 살펴보고 시간도 체크하게 되어 고기를 고루 익힐 수 있어요.

에어프라이어에 또 만들고 싶어지는 요리는 바로 통닭이에요.
9호짜리 통닭으로도 너끈히 통닭구이를 해 먹을 수 있어 신기해요.
오늘은 통닭을 4쪽으로 잘라서 구웠어요.
저처럼 통닭 뱃속까지 잘 익게 만들려면 4쪽으로 잘라 요리하세요.
자, 이제 통닭 구우러 갈게요~

RECIPE 10

통닭 4쪽구이

Air fryer

200℃ 15분 → 뒤집어서 10~15분

❶ 통닭은 꼬리, 목, 날개 끝부분을 잘라내고 기름기를 떼어낸 다음 깨끗하게 씻어 4등분한다. 양념 재료인 다진 마늘 1, 청주 2, 허브맛소금 1을 닭에 골고루 뿌려 조물조물 1차 양념을 한다.

❷ 닭에 카레 가루 2, 올리브오일 3을 뿌리고 조물조물 2차 양념을 하여 20~30분 정도 재운다.

2~3인분
재료 준비
(밥숟가락 계량)

주재료
통닭 1마리(9호짜리)

양념 재료
다진 마늘 1
청주(또는 맛술) 2
허브맛소금 1
카레 가루 2
올리브오일 3

❸ 에어프라이어에 종이포일을 깔고 양념한 닭 2쪽을 얹은 다음 200℃에서 15분 정도 1차로 굽는다.

❹ 닭을 뒤집어 200℃에서 10~15분 정도 더 굽는다. 같은 방법으로 나머지 2쪽도 구우면 끝!

Tip 대용량 에어프라이어에 구우면 한 번에 4쪽을 구울 수 있어요.

꿀팁

에어프라이어에 닭을 구우면 닭의 기름기는 쪽 빠지면서 껍질까지 아주 맛있게 구워져요. 통닭을 양념에 미리 재워두면 양념이 배어 더 맛있고요. 다리는 다리대로, 가슴살은 가슴살대로 구우면 더 좋아요.

RECIPE 11

닭 다리 카레 양념구이

“

마리네이드를 미리 해둔 닭 정육을 먹기 직전에
에어프라이어에 돌려 갓 구우면
마치 닭고기 스테이크를 먹는 기분이 들어요.
양념을 최소화하고 갓 구워낸 닭은 그야말로 최고!

”

Air fryer

200℃ 10분 → 뒤집어서 5~10분

❶ 닭 다리살에 밑간 양념 재료인 허브맛소금 0.3을 먼저 솔솔 뿌린다. 다진 마늘 0.5, 청주 1, 올리브오일 2를 고루 발라 양념한다.

Tip 이 단계까지 밑간해도 좋아요. 대신 양념이 쏙 배어들게 허브맛소금의 양을 좀 넉넉하게 넣으세요.

❷ 카레 가루 2를 고루 뿌려서 밑간을 하여 30분 이상 재운다.

Tip 미리 양념하여 냉장고에 재워 두었다가 사용해도 돼요.

❸ 에어프라이어에 양념한 닭 다리살을 펼쳐 얹고 200℃에서 10분 정도 굽는다.

❹ 윗면이 노릇하게 익었으면 뒤집어서 200℃에서 5~10분 정도 더 굽는다. 남은 닭 다리살도 같은 방법으로 구우면 끝!

Tip 대용량 에어프라이어에 구우면 한 번에 4~6장을 구울 수 있어요.

2인분
재료 준비
(저울·밥숟가락 계량)

주재료
닭 다리살 4~6장(400g 정도)

밑간 양념 재료
허브맛소금 0.3
다진 마늘 0.5
청주 1
올리브오일 2
카레 가루 2

에어프라이어에 요리하니 등갈비구이도 간단해요.
허브맛소금에 카레 가루로 양념을 하고
마늘과 청주를 넣어 고기 잡내를 없앴어요.
또 올리브오일을 넣어
더 먹음직스럽게 구웠답니다.

RECIPE 12

립 양념구이

Air fryer

❶ 돼지 등갈비는 한 대씩 잘라 찬물에 여러 번 헹구어 20분 정도 물에 담갔다가 건져 볼에 담는다.

❷ 돼지 등갈비에 양념 재료인 허브맛소금 0.3, 다진 마늘 0.5, 청주 1, 카레 가루 2, 올리브오일 2를 넣고 버무려 양념한다.

Tip 등갈비에 칼집을 넣으면 양념이 더 잘 배어들어요. 또 1시간 이상 재우면 좋아요.

2인분
재료 준비
(저울·밥숟가락 계량)

주재료
돼지 등갈비 500g

양념 재료
허브맛소금 0.3
다진 마늘 0.5
청주 1
카레 가루 2
올리브오일 2

❸ 에어프라이어에 양념한 돼지 등갈비를 얹고 200℃에서 10분 정도 굽는다.

Tip 온도와 시간은 에어프라이어의 기종에 따라서 조절하세요.

❹ 뒤집어서 200℃에서 5~7분 정도 구우면 끝!

Tip 에어프라이어 용량이 작으면 두 번에 나눠서 구우면 돼요.

#
일품요리,
고기와
해물

RECIPE 13

훈제오리 양파구이

아이들이 훈제오리를 좋아하여 팬에 구우려니
지글지글 기름이 무서워 에어프라이어에 구웠어요.
기름이 쪽 빠진 훈제오리에 양파, 통마늘을
함께 구워 곁들이면 채소도 듬뿍 먹을 수 있어요.
자, 그럼 에어프라이어 또 돌려 볼게요.

Air fryer 180℃ 7분 → 뒤집어서 5분

2인분
재료 준비
(저울 계량)

주재료
훈제오리 1팩(300g)
양파 1개
통마늘 15쪽

부재료
풋고추 1개
홍고추 1/2개

❶ 양파는 가로로 링 모양으로 도톰하게 썰고 풋고추와 홍고추는 어슷하게 썬다. 훈제오리와 통마늘도 준비한다.

❷ 에어프라이어 바스켓에 양파를 듬성듬성 얹고 훈제오리를 펼쳐 얹는다. 통마늘과 어슷하게 썬 고추는 중간중간 얹는다.
Tip 풋고추와 홍고추를 군데군데 넣으면 훈제오리가 칼칼하니 맛있어요.

❸ 180℃에서 7분 정도 굽는다.
Tip 에어프라이어의 기종에 따라서 온도와 시간은 조절하세요.

❹ 아래쪽 훈제오리의 덜 구워진 부분이 위로 오도록 뒤집은 다음 180℃에서 5분 정도 더 구우면 끝!
Tip 굽는 중간에 전체적으로 고루 구워질 수 있게 한 번 뒤집는다고 생각하면 돼요.

꿀팁
훈제오리를 구울 때 양파와 마늘을 함께 넣어 구우면 오리에서 나오는 기름으로 촉촉하게 구워져요.

RECIPE 14

감바스 알 아히요

올리브오일에 퐁당 빠진
새우 맛이 매력적인 감바스는
고급스러운 스페인 요리예요.
늘 불에 끓이는 과정이 은근히 번거로웠는데,
에어프라이어가 있으면
간단하게 만들 수 있어요.

Air fryer 감바스 200℃ 8분 바게트 160℃ 3~4분

2~3인분
재료 준비
(계량컵·밥숟가락 계량)

주재료
새우살(큰 것) 20개
마늘 20개
꽈리고추 10개
페페론치노
(또는 베트남 고추) 10개
올리브오일 2/3컵

겯들임 재료
바게트(또는 치아바타) 적당량

양념 재료
샘표 연두 1
맛술 1
허브맛소금 적당량

❶ 새우살은 물에 씻어 준비한다. 마늘은 2~3등분하고 꽈리고추는 어슷하게 2등분하고 페페론치노도 준비한다.

Tip 페페론치노는 이탈리아 고추예요. 저는 베트남 고추를 대신 넣었어요.

❷ 오븐 용기에 준비한 재료를 담고 양념 재료인 샘표 연두 1, 맛술 1, 허브맛소금 적당량을 넣은 다음 올리브오일 2/3컵을 넣는다.

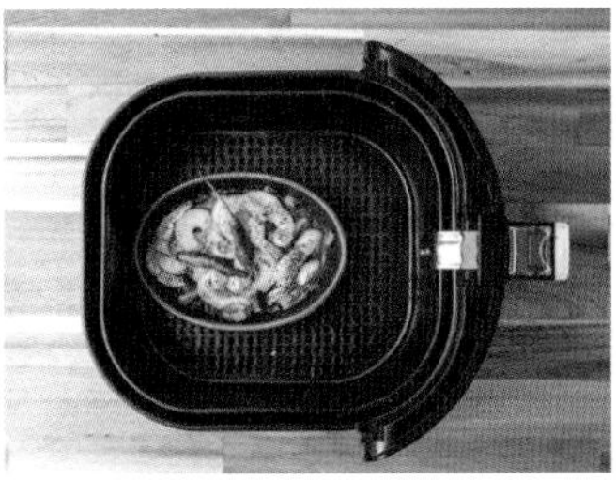

❸ 에어프라이어 바스켓에 오븐 용기를 얹고 200℃에서 8분 정도 굽는다.

Tip 뜨거우니 오븐 장갑을 꼭 끼고 꺼내세요.

❹ 바게트는 먹기 좋게 썰어 에어프라이어 바스켓에 얹어 160℃에서 3~4분 정도 구운 다음 곁들이면 끝!

Tip 빵은 굽지 않고 그냥 곁들여도 좋아요.

일품요리, 고기와 해물

RECIPE 15

레몬 마요 새우

"
오늘의 주인공은 새우입니다.
튀겨져 나온 새우튀김이 있으니
마요 새우 소스만 만들면 돼요.
그것도 에어프라이어에 새우를 익히는 동안
만들어서 곁들이면 끝!
"

Air fryer

180℃ 7분

❶ 에어프라이어 바스켓에 튀겨 나온 새우튀김을 넣고 180℃에서 7분 정도 돌린다.

Tip 에어프라이어의 기종에 따라서 온도와 시간은 조절하세요.

❷ 레몬 마요 소스 재료인 마요네즈 4, 설탕 1, 레몬즙 2, 소금 약간을 넣어 섞는다.

Tip 마요네즈의 양을 줄이고 싶다면 마요네즈와 플레인 요구르트를 섞어서 사용해도 좋아요.

2인분
재료 준비
(밥숟가락 계량)

주재료
튀겨 나온 새우튀김 10개

레몬 마요 소스 재료
마요네즈 4
설탕 1
레몬즙 2
소금 약간

❸ 그릇에 튀긴 새우를 담고 레몬 마요 소스를 끼얹으면 끝!

Tip 레몬을 둘러 장식해도 좋아요.

꿀팁

튀겨 나온 새우튀김은 작은 것 말고 큰 새우튀김으로 준비하세요. 그래야 중식당에서 먹는 그 맛으로 맛볼 수 있어요. 푸드샵(www.foodshop.co.kr)에서 때때로 큼직한 튀겨 나온 새우튀김을 공동구매로 판매해요.

RECIPE 16

깐풍 새우

오늘의 에어프라이어 레시피는 약간 매콤한 맛으로
조절해 먹을 수 있는 간장 소스가 기본인 깐풍 새우예요.
에어프라이어에 튀겨져 나온 시판 새우를 넣고
튀기는 동안 소스를 만들어서 휘리릭 볶으면 완성돼요.
중식당에서나 나올 법한 깐풍 새우를
에어프라이어 덕에 뚝딱 만들었어요.

Air fryer

❶ 에어프라이어 바스켓에 튀겨 나온 새우튀김을 넣고 180℃에서 7분 정도 돌린다.

Tip 에어프라이어의 기종에 따라서 온도와 시간은 조절하세요.

❷ 달군 팬에 식용유를 살짝 두르고 다진 파프리카 2와 다진 양파 2를 넣고 달달 볶다가 다진 마늘 0.5, 간장 2, 설탕 1, 식초 2, 올리고당 2, 물 5를 넣고 바글바글 끓인다.

❸ 에어프라이어에서 갓 구운 새우튀김을 소스에 넣고 버무린 다음 통후추를 뿌리면 끝!

Tip 통후추를 즉석에서 갈아 넣어야 더 맛있어요.

2인분
재료 준비
(밥숟가락 계량)

주재료
튀겨 나온 새우튀김 10개

소스 재료
다진 파프리카 2
다진 양파 2
다진 마늘 0.5
간장 2
설탕 1
식초 2
올리고당 2
물 5
식용유 약간
통후추 약간

꿀팁

매콤하게 먹고 싶다면 소스를 만들 때 청양고추나 마른 고추를 다져 넣으면 돼요.

RECIPE 17

칠리 새우

"요즘 식문화의 트렌드는 에어프라이어에 넣기만 하면
뚝딱 되는 요리들이 잘 개발되어 나오더라고요.
오늘의 요리는 튀겨 나온 새우를
에어프라이어에 돌리고 소스를 만들어 버무리면
그 맛이 딱 중식당에서 먹던 칠리 새우예요."

Air fryer

180℃ 7분

❶ 에어프라이어 바스켓에 튀겨 나온 새우튀김을 넣어 180℃에서 7분 정도 돌린다.

Tip 에어프라이어의 기종에 따라서 온도와 시간은 조절하세요.

❷ 에어프라이어에 새우를 돌리는 동안 달군 팬에 식용유를 살짝 두르고 다진 파프리카 2와 다진 양파 2를 넣고 달달 볶다가 스위트 칠리 소스 4, 토마토케첩 2, 올리고당 1, 물 3을 넣고 바글바글 끓인다.

❸ 에어프라이어에 갓 구워 나온 새우튀김을 넣고 소스에 버무린 다음 후춧가루를 뿌리면 끝!

Tip 후춧가루는 통후추를 즉석에서 갈아 넣으면 더 맛있어요.

2인분
재료 준비
(밥숟가락 계량)

주재료
튀겨 나온 새우튀김 10개

소스 재료
다진 파프리카 2
다진 양파 2
스위트 칠리 소스 4
토마토케첩 2
올리고당 1
물 3
식용유 약간
통후추 약간

RECIPE 18

새우 버터구이

새우 버터구이는 팬을 이용하면 손이 많이 가는 요리인데, 에어프라이어에 하면 아주 간단해요. 중간에 한번 뒤집어 주거나 흔들어 주면 손 갈 일이 없거든요. 새우와 잘 어울리는 마늘도 함께 구웠어요. 자, 그럼 만들어 볼게요.

Air fryer

200℃ 10분 → 뒤집어서 2~3분

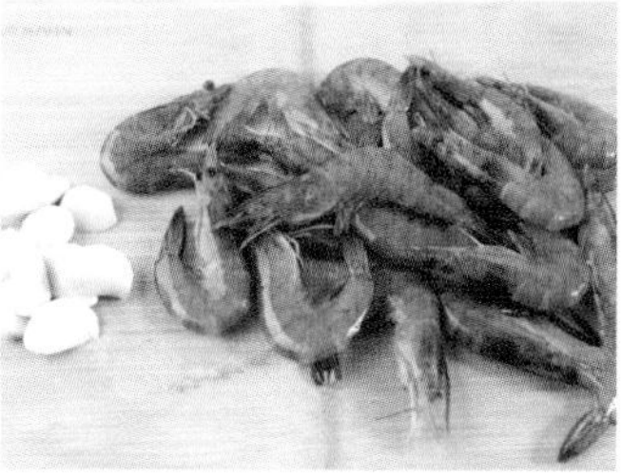

❶ 새우는 긴 수염 부분만 다듬어서 씻어 물기를 빼서 준비하고, 마늘은 2등분한다.

❷ 에어프라이어에 새우를 넣고 마늘을 얹은 다음 버터 1을 군데군데 나눠 얹는다.

2인분
재료 준비
(밥숟가락 계량)

주재료
새우(중하) 15~20마리
마늘 7쪽
버터 1

소스 재료
파슬리가루 약간
스위트 칠리 소스 적당량

❸ 200℃에서 10분 정도 돌려 새우살이 빨갛게 익으면 구워진 정도를 보고 2~3분 정도 더 구워 접시에 담는다. 파슬리가루를 솔솔 뿌리고 스위트 칠리 소스를 곁들이면 끝!

Tip 아이 간식으로도 술안주로도 좋아요.

RECIPE 19

전복 버터구이

"
전복구이를 가장 쉽고 맛있게 먹으려면
에어프라이어에 구우면 돼요.
전복을 껍데기째 넣고 구우면 고급 요리가
뚝딱 만들어져요.
"

Air fryer

❶ 전복은 솔로 껍데기를 깨끗하게 씻고 입 쪽을 손질한다.

Tip 내장은 떼어내지 않고 구웠어요.

❷ 손질한 전복에 칼집을 두세 군데 어슷하게 내어 다시 전복 껍데기에 담는다.

2인분
재료 준비
(밥숟가락 계량)

재료
전복(중간 것) 7개
녹인 버터 1
통후추 약간
파슬리가루 약간

❸ 에어프라이어 바스켓에 전복을 얹는다. 녹인 버터 1을 실리콘 붓으로 전복살에 고루 바르고 통후추와 파슬리가루를 솔솔 뿌린다.

❹ 180℃에서 5분 정도 구우면 끝!

Tip 온도와 시간은 에어프라이어의 기종에 따라서 조절하세요.

RECIPE 20

연어찜 구이

“
이렇게 고급스러운 연어찜 구이라니!
에어프라이어는 굽듯이 찌는
생선 요리도 거침없이 만들어내요.
연어가 가진 촉촉함과 담백함이 살아있어요.
”

Air fryer

200℃ 10분

❶ 통으로 된 연어를 준비하여 껍질 없이 손질한다.

❷ 오븐 용기에 종이포일을 깔고 연어를 얹은 다음 슬라이스 한 레몬과 로즈메리를 넣는다. 양념 재료인 청주 2, 허브맛소금 적당량, 올리브오일 4를 고루 뿌린다.

Tip 로즈메리는 없으면 빼도 돼요.

❸ 200℃에서 10분 정도 구우면 끝!

Tip 중간에 연어를 뒤집어 익혀도 좋아요.

1~2인분
재료 준비
(저울·밥숟가락 계량)

주재료
통연어 200g
레몬(또는 라임) 3조각
로즈메리 약간(생략 가능)

양념 재료
청주(또는 화이트와인) 2
허브맛소금 적당량
올리브오일 4

꿀팁

연어찜 구이를 종이포일에 감싸서 요리해도 좋아요. 보통 그런 요리를 파피요트라고 하는데요, 채소와 생선, 올리브오일을 넣고 종이포일로 감싸서 구워요.

Chapter 04

“

에어프라이어야, 고마워!

일품요리, 채소

”

고기 요리에 밀려 채소 요리는
에어프라이어가 잘 못 해줄거다! 라고 생각하셨어요?
그런데 어쩜 좋나요??!!
커다란 오븐에 먹음직하게 구워진 채소 요리가
에어프라이어에서 더 근사하게, 먹음직하게 조리되니 말입니다.
건강한 채식을 즐기는 사람들에게도
에어프라이어는 기특한 도구가 맞네요.

RECIPE 01

웜 샐러드

"보통은 차가운 샐러드를 즐겨 먹게 되는데,
따끈하게 구워 먹는 샐러드는
또 다른 매력이 있어요.
비교적 많은 양의 채소도 아주 달고 깊고
그윽하게 먹을 수 있거든요."

Air fryer

❶ 브로콜리는 씻어서 가닥가닥 먹기 좋게 나눠 썬다. 파프리카와 양배추는 듬성듬성 큼직하게 썬다.

❷ 에어프라이어 바스켓에 채소를 얹고 양념 재료인 허브맛소금 0.5를 솔솔 뿌린다.

Tip 밑간을 하면 채소가 훨씬 맛있어요.

❸ 180℃에서 10분 정도 굽는데, 중간에 위아래를 뒤집어가며 골고루 익힌다. 굽는 동안 드레싱 재료인 다진 마늘 0.5, 연겨자 0.3, 설탕 1, 깨소금 1, 간장 2, 참치진국 1, 식초 3, 올리고당 2, 물 3을 넣고 한데 섞어 곁들이면 끝!

Tip 에어프라이어의 기종에 따라서 온도와 시간은 조절하세요.

2인분
재료 준비
(밥숟가락 계량)

주재료
브로콜리(작은 것) 1송이
파프리카 1개
양배추(손바닥만 한 것) 7장

양념 재료
허브맛소금 0.5

드레싱 재료
다진 마늘 0.5
연겨자 0.3
설탕 1
깨소금 1
간장 2
참치진국 1
식초 3
올리고당 2
물(또는 시판 드레싱) 3

꿀팁

드레싱을 만드는 것이 귀찮다면, 시판 오리엔탈 드레싱이나 삼겹살 소스, 발사믹 소스 등의 담백한 드레싱을 곁들이세요.

#
일품요리,
채소

RECIPE 02

웜 채소 모둠구이

“
먹음직스러운 채소구이 드셔보셨어요?
에어프라이어는 기특하게도 채소도 잘 구워요.
덕분에 채소를 맛있게 많이 먹을 수 있어요.
”

Air fryer

200℃ 10분 → 뒤집어서 5분

❶ 가지, 주키니 호박, 방울토마토, 통마늘을 준비한다.

Tip 냉장고에 있는 자투리 채소를 이용하세요.

❷ 가지와 주키니 호박은 듬성듬성 큼직하게 썰어 나머지 채소와 함께 볼에 담는다. 양념 재료인 허브맛소금 1과 올리브오일 4를 넣어 고루 버무린다.

2인분
재료 준비
(밥숟가락 계량)

주재료
가지 1개
주키니 호박 1/2개
방울토마토 15개
통마늘 10쪽

양념 재료
허브맛소금 1
올리브오일 4

❸ 에어프라이어 바스켓에 버무린 모둠 채소를 고루 얹는다.

❹ 200℃에서 10분 정도 구워 뒤집어서 5분 정도 더 구우면 끝!

일품요리, 채소

RECIPE 03

포테이토 스킨

"에어프라이어가 있으면 포테이토 스킨을 만드는 것은
일도 아니에요. 감자를 반으로 쪼개고 쪄서 속을 파내고
베이컨이나 볶은 고기, 치즈를 함께 섞어서
감자에 넣어 에어프라이어나 오븐에 구우면 돼요.
손님상에 내기 좋은 포테이토 스킨은
간식이나 맥주 안주로도 좋아요."

Air fryer

170℃ 5~7분

❶ 감자는 껍질째 깨끗하게 씻어 반으로 잘라 김이 오른 찜통에 넣고 속까지 익도록 푹 찐다. 찐 감자는 한 김 식혀서 숟가락으로 속을 파낸다.

Tip 크기가 작은 감자라서 15~20분 정도 찌면 돼요.

❷ 감자 속 파낸 것 적당량에 다진 대파 2, 만능소보로 3, 모차렐라 치즈 3, 마요네즈 3, 허브맛소금 적당량을 넣어 고루 섞는다.

Tip 다진 돼지고기를 양념해서 볶은 만능소보로를 넣었는데요. 베이컨을 구워서 다져 넣거나 구운 햄을 다져 넣어도 좋아요.

❸ 속을 파낸 감자에 양념한 감자를 볼록하게 채워 넣은 다음 짜먹는 크림 치즈를 얹는다.

Tip 짜먹는 크림 치즈가 없다면 모차렐라 치즈나 집에 있는 각종 치즈를 얹으면 돼요.

❹ 에어프라이어에 넣고 170℃에서 5~7분 정도 구우면 끝!

3~4인분
재료 준비
(대충 계량해도 맛있어요)

주재료
감자(작은 것) 4개

감자 양념 재료
감자 속 파낸 것 적당량
다진 대파 2
만능소보로 3
모차렐라 치즈 3
마요네즈 3
허브맛소금 적당량

장식 재료
짜먹는 크림 치즈 적당량

꿀팁

만능소보로는 돼지고기로 만든 소보로 느낌이 나는 반찬이에요. 절친 블로거인 아솜 언니(blog.naver.com/myhun1974)를 따라 만들어 여러 요리에 넣어 먹고 있어요. 만드는 법은 63쪽을 참고하세요.

RECIPE 04

웨지 감자

"
에어프라이어가 있으면 웨지 감자도 문제없어요.
감자 요리를 맛있게 하려면 감자를 잘 다뤄야 하는데요.
감자에 전처리를 하면 속까지 맛이 배어 훨씬 맛있어요.
자, 그럼 속까지 양념 쏙쏙 배어든
맛있는 웨지감자를 만들어 볼까요?
"

Air fryer　180℃　10분 → 뒤집어서　5분

❶ 감자는 껍질째 깨끗하게 씻어 8등분하여 눈썹 모양으로 썬다.

❷ 냄비에 감자 삶는 물 재료인 물 3컵, 설탕 4, 굵은소금 1을 넣고 끓여 팔팔 끓으면 감자를 넣어 반 정도 익을 때까지 휘휘 저어가면서 삶는다.

Tip 이렇게 하면 단맛과 짭짤한 맛이 감자에 배어들어요.

❸ 반 정도 익힌 웨지감자는 체에 밭쳐 자연스럽게 식혀 볼에 넣는다. 양념 재료인 허브맛소금 0.5와 올리브오일 4를 넣고 버무린다.

❹ 에어프라이어 바스켓에 양념한 감자를 넣어 180℃에서 10분 정도 굽는다. 감자를 뒤집어서 180℃에서 5분 정도 더 구워 파슬리가루를 뿌리면 끝!

Tip 에어프라이어의 기종에 따라서 온도와 시간은 조절하세요.

2~3인분
재료 준비
(저울·밥숟가락 계량)

주재료
감자(중간 것) 3개(400g 정도)

감자 삶는 물 재료
물 3컵
설탕 4
굵은소금 1

양념 재료
허브맛소금 0.5
올리브오일 4

장식 재료
파슬리가루 약간

RECIPE 05

알감자구이

알감자를 한 봉지 사와서 비주얼에서나 맛에서
휴게소 감자구이보다 훨씬 더 훌륭하게 만들어 봤어요.
휴게소 감자구이는 설탕과 버터가 활약한다면
이 레시피는 올리브오일과 허브맛소금이 빛을 내요.

Air fryer 180℃ 10~15분 → 5분

❶ 알감자는 껍질째 물에 씻어 냄비에 담고 감자 삶는 물 재료인 물 4컵, 굵은소금 0.5, 설탕 3을 넣고 속까지 익도록 삶는다.

Tip 삶을 때 간이 배도록 설탕과 소금을 넣으면 좋아요.

❷ 익힌 알감자는 체에 밭쳐 자연스럽게 식혀 큰 것은 반으로 자른다. 볼에 삶은 알감자를 넣고 양념 재료인 허브맛소금 0.5와 올리브오일 4를 넣고 고루 섞는다.

Tip 이때 올리브오일 대신 녹인 버터를 넣고 버무려도 좋아요.

2~3인분
재료 준비
(저울 · 밥숟가락 계량)

주재료
알감자 12~15개(400g 정도)

감자 삶는 물 재료
물 4컵
굵은소금 0.5
설탕 3

양념 재료
허브맛소금 0.5
올리브오일 4

❸ 에어프라이어에 알감자를 넣고 180℃에서 10~15분 정도 굽는다.

❹ 색깔을 보고 원하는 색깔이 아니면 5분 정도 더 구우면 끝!

Tip 노릇노릇 구워야 더 먹음직하고 식감도 좋아요.

일품요리, 채소

RECIPE 06

아보카도 달걀구이

"

아보카도를 반으로 잘라
대충 구웠을 뿐인데, 이게 정말 예술이에요.
또 맛을 보면 역시 맛도 환상이구나!
만들면서 요리의 재미까지 느낄 수 있어요.
자, 그럼 아보카도를 구워 볼게요~

"

Air fryer

180℃ 5분

❶ 아보카도는 반으로 잘라 씨를 빼낸다.

❷ 씨를 빼낸 부분에 달걀노른자를 터지지 않게 넣는다.

Tip 귀찮다고 달걀흰자까지 넣지 마시고 꼭 노른자만 넣으세요.

2인분
재료 준비
(밥숟가락 계량)

주재료
아보카도 1개
달걀노른자 2개분
모차렐라 치즈 2

양념 재료
허브맛소금 약간
파슬리가루 약간

❸ 모차렐라 치즈 2를 소복하게 얹고 허브맛소금 약간과 파슬리가루 약간을 솔솔 뿌린다.

❹ 에어프라이어 바스켓에 아보카도를 얹어 180℃에서 5분 정도 구우면 끝!

Tip 에어프라이어의 기종에 따라서 온도와 시간은 조절하세요.

RECIPE 07

밤호박 에그슬럿

"
밤호박이 많이 나올 때 덩달아 핫 해지는 메뉴예요.
밤호박을 쪄서 달걀과 치즈를 듬뿍 넣어서 구우면 돼요.
그냥 단호박만 먹기에는 심심할 때 이렇게 만들면
요리하는 재미도 있어요.
"

Air fryer

전자레인지 3분 → 에어프라이어 200℃ 10분 → 전자레인지 1~2분

❶ 미니 밤호박은 껍질째 씻어서 전자레인지에서 3분 정도 익힌다. 밤호박의 위쪽을 자른 다음 숟가락으로 속의 씨를 파낸다.

Tip 이렇게 하면 딱딱한 밤호박을 쉽게 자를 수 있어요.

❷ 김이 오른 찜통에 미니 밤호박을 넣고 푹 찐 다음 충분히 식힌다. 밤호박에 달걀을 깨어 넣고 숟가락으로 노른자를 톡톡 깨서 살짝 섞는다. 소금 간을 한 다음 모차렐라 치즈를 소복하게 채워 넣는다.

Tip 15분 정도 찌면 돼요. 또 소금은 한두 꼬집 넣으면 돼요.

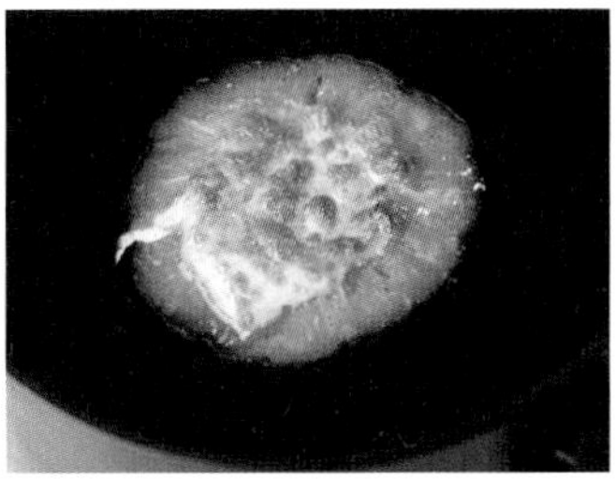

❸ 에어프라이어 바스켓에 단호박을 넣고 200℃에서 10분 정도 굽는다.

❹ 윗면이 노릇해지면 꺼내어 반을 갈라 전자레인지에 넣고 1~2분 정도 다시 데워 파슬리가루를 뿌리면 끝!

Tip 같은 방법으로 하나 더 굽고 익히면 돼요. 대용량은 한번에 2개를 구울 수 있어요.

2인분
재료 준비
(저울 계량)

주재료
미니 밤호박 2개
달걀 2개
모차렐라 치즈 80g
소금 약간

장식 재료
파슬리가루 적당량

꿀팁

밤호박을 찜통에 찌는 과정이 번거롭다면, 속을 파서 바로 에어프라이어에 돌려도 좋아요. 170℃에서 15~20분 정도 구우면 돼요. 이때 중간에 달걀을 깨어 넣고 구우면 밤호박 에그슬럿이 완성됩니다.

일품요리,
채소

RECIPE 08

버섯구이

"
버섯을 많이, 더 건강하게, 더 쉽게
먹을 수 있는 방법을 알게 되었어요.
바로 에어프라이어에 구워 먹기! 살짝 양념해서
구웠을 뿐인데도 훌륭한 술안주가 되는
에어프라이어 버섯구이예요.
"

Air fryer 180℃ 10분 → 뒤집어서 7~8분

2~3인분
재료 준비
(밥숟가락 계량)

주재료
애느타리버섯 2팩
민가닥버섯 1팩

버섯 양념 재료
올리브오일 3
허브맛소금 적당량

❶ 애느타리버섯과 민가닥버섯은 밑동을 잘라내어 가닥가닥 먹기 좋게 떼어낸다.

Tip 버섯은 애느타리버섯과 민가닥버섯이 굽기에 가장 좋더라고요.

❷ 손질한 버섯을 볼에 담고 버섯 양념 재료인 올리브오일 3과 허브맛소금 적당량을 넣고 조물조물 무친다.

Tip 올리브오일로 코팅을 시켜야 더 먹음직하게 구워져요.

❸ 양념한 버섯을 에어프라이어에 고루 펼쳐서 담고 180℃에서 10분 정도 굽는다.

Tip 에어프라이어의 기종에 따라서 온도와 시간은 조절하세요.

❹ 버섯의 위아래를 바꾸고 180℃에서 7~8분 정도 더 구우면 끝!

Tip 버섯에 있는 수분이 바짝 구워지면서 버섯 과자를 먹는 느낌이에요.

RECIPE 09

양송이버섯구이

가끔 손이 많이 가도 폼 나는 요리가 필요할 때가 있어요.
오븐에 구워 먹던 양송이버섯구이를 이제는 에어프라이어에 구워 먹어요.
손님상에 내면 늘 환영 받는 요리랍니다.

Air fryer

200℃ 7분

❶ 양송이버섯은 밑동을 떼어 내고 겉껍질을 벗겨 낸 다음 밑동은 잘게 썬다. 베이컨, 양파, 쪽파도 잘게 썬다.

❷ 달군 팬에 식용유 1을 두르고 잘게 썬 재료를 넣고 달달 볶다가 후춧가루를 약간 넣는다.

Tip 베이컨이 짜서 따로 양념을 강하게 하지 않아도 돼요.

2~3인분
재료 준비
(저울 · 밥숟가락 계량)

주재료
양송이버섯(큰 것) 9개
베이컨 2장
양파 1/8개(25g)
쪽파 2대
체다 슬라이스 치즈 1/2장
모차렐라 치즈 약간

양념 재료
식용유 1
후춧가루 약간

❸ 양송이버섯에 볶은 재료를 소복하게 채우고 체다 슬라이스 치즈 채 썬 것과 모차렐라 치즈를 모양내서 약간씩 얹는다.

❹ 에어프라이어 바스켓에 양송이버섯을 얹고 200℃에서 7분 정도 구우면 끝!

Chapter 05

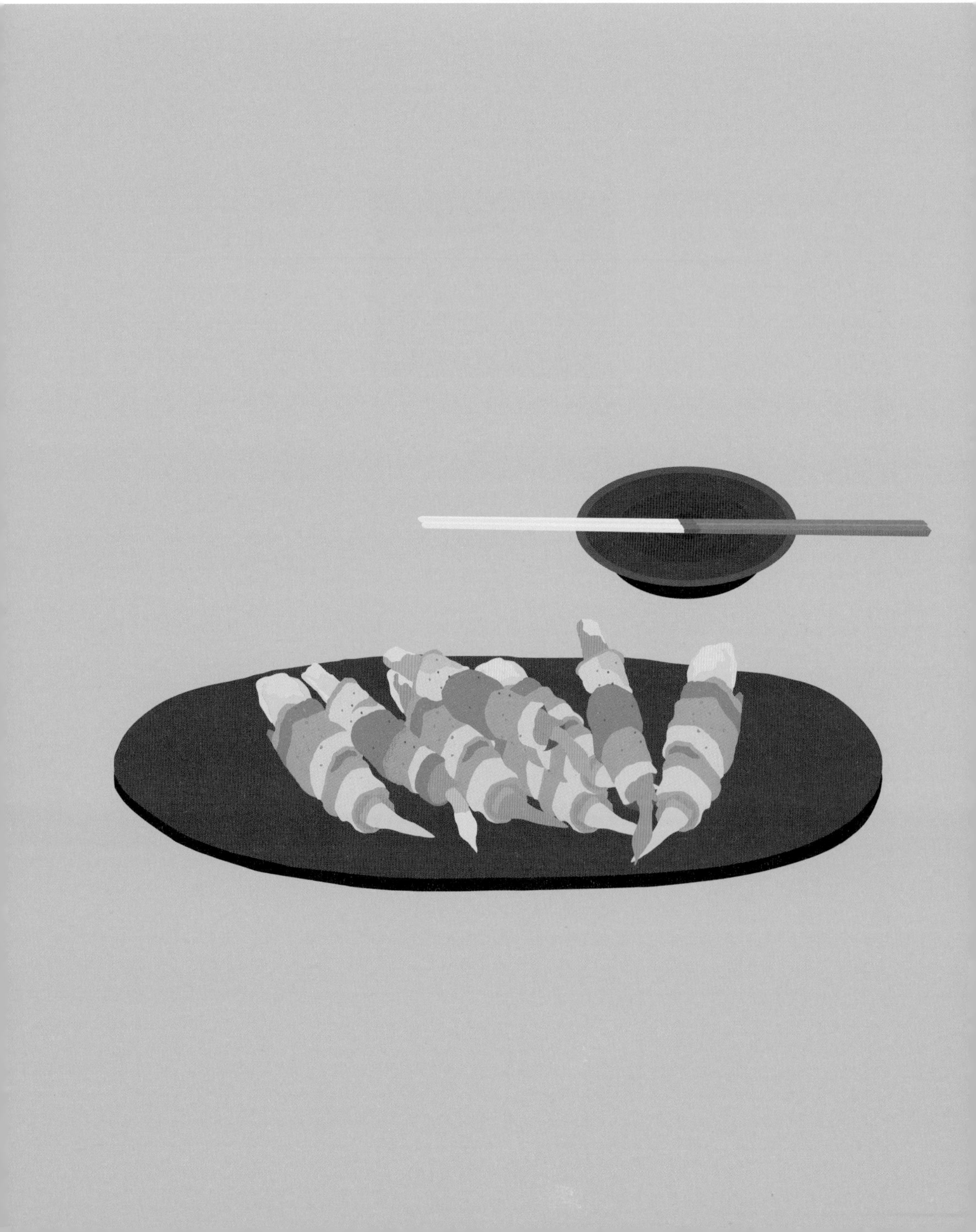

“

밥이 필요해!
반찬

”

“에어프라이어가 반찬도 만들어 준다고?”
도대체 못 하는 것이 무엇일까요?
반찬 하면 짭조름한 것들이 생각나죠?
짭조름한 반찬을 지지고 무치는 과정까지,
반찬의 대명사인 김구이도 단번에
근사하게 만드는 것이 에어프라이어예요.
에어프라이어에 구워서 조리하는 반찬은
훨씬 더 담백하면서도 맛이 고급스러워요.

반찬

"김은 작은 에어프라이어보다
대용량 에어프라이어에 굽는 것이
훨씬 나아요. 김에 기름을 바르고
소금을 따로 뿌리는 방법도 귀찮아서
기름장에 소금을 넣고 주방용 붓으로
쓱싹쓱싹 칠해버렸어요."

RECIPE 01

조미김구이

Air fryer

160℃ 5분

❶ 기름장 재료인 참기름 1, 식용유 2, 구운 소금 0.3을 고루 섞는다.

Tip 들기름이나 참기름만 쓰는 것보다 참기름과 일반 식용유를 1:2의 비율로 섞는 것이 더 맛있어요.

❷ 실리콘 붓으로 휘휘 저어서 기름과 소금을 잘 섞은 후 곱창김에 골고루 펴 바른다.

Tip 손에 일회용 비닐장갑을 끼고 기름장을 묻혀 김에 펴 발라도 돼요.

10장분

재료 준비(밥숟가락 계량)

주재료

곱창김 10장

기름장 재료

참기름(또는 들기름) 1

식용유 2

구운 소금 0.3

❸ 기름장을 바른 김은 6~8등분 한다.

❹ 자른 김은 에어프라이어 바스켓에 세워서 담고 160℃에서 5분 정도 구우면 끝!

Tip 김은 꼭 세워서 구우세요. 눕혀 구우면 윗부분만 타고 아래쪽은 안 구워져요.

꿀팁

소용량의 에어프라이어를 쓴다면 김을 자를 때 8등분하여 에어프라이어의 위쪽 공간을 여유 있게 남기고 굽는 게 좋을 듯해요. 작은 에어프라이어에서는 10장, 중간 것은 20장, 대용량은 30장 정도가 적당해요.

RECIPE 02

곱창김구이와 양념 간장

"김을 구워 먹을 때 에어프라이어는 완전 진리랍니다.
에어프라이어로 김을 구울 때에
김을 눕혀서 구우면 위로 들러붙기 때문에
김을 쪼르륵 세워서 굽는 것이 비법이에요.
팁을 알려주신 블로그 이웃님께 정말 감사드려요!"

Air fryer

160℃ 5분

❶ 양념 간장 재료인 계란밥 깜짝소스 4, 참기름 1, 다진 마늘 0.3, 다진 파 2, 다진 고추 1, 깨소금 0.5를 고루 섞는다.

❷ 곱창김은 먹기 좋게 6등분한다.

Tip 먹을 만큼만 구우세요. 또 바스켓에 세울 수 있도록 김의 양을 맞추는 것이 좋아요. 소용량이라면 10장이 적당해요.

김 30장분
재료 준비
(밥숟가락 계량)

주재료
곱창김 30장

양념 간장 재료
계란밥 깜짝소스 4
참기름 1
다진 마늘 0.3
다진 파 2
다진 고추 1
깨소금 0.5

❸ 자른 김은 에어프라이어 바스켓에 세워서 담는다.

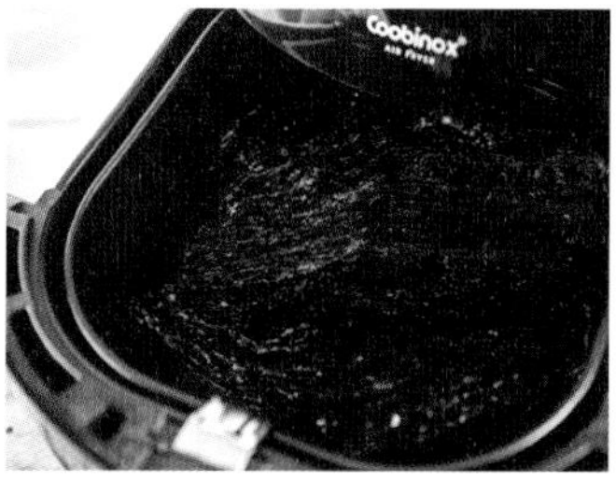

❹ 160℃에서 5분 정도 구워 따끈한 밥과 양념 간장을 곁들이면 끝!

Tip 에어프라이어의 기종에 따라서 굽는 시간과 온도는 조절하세요.

꿀팁

문쓰키친 계란밥 깜짝소스는 제가 만든 맛간장인데요. 양념 간장을 만들 때 일반 간장 대신 넣으면 훨씬 맛있어요.

#
반찬

RECIPE 03

스팸구이와 달걀 스터프

"
어느새 반찬도 뚝딱 맛있게 만들어주는
기특한 에어프라이어. 에어프라이어에 구우면
맛의 천국으로 안내하는 것은 바로 스팸구이.
함께 구워 먹는 달걀컵구이도 환상의 커플이에요.
"

Air fryer

180℃ 7분

❶ 스팸은 6등분하고 달걀도 준비한다. 양파는 동그랗게 모양을 살려 자른 후 겉껍질 부분으로 2개의 컵을 만든다.

Tip 양파 밑에 구멍이 있어서 달걀을 그대로 넣으면 새니까 남은 양파로 구멍 부분을 꼭 막으세요.

❷ 양파컵에 달걀을 하나씩 깨어 넣고 소금, 후춧가루, 파슬리가루를 솔솔 뿌린다.

2인분
재료 준비
(대충 계량해도 맛있어요)

주재료
스팸(또는 통조림햄) 1통(200g)
양파 1/2개
달걀 2개

양념 재료
소금·후춧가루 약간씩
파슬리가루 약간

❸ 에어프라이어 바스켓에 햄을 나란히 얹고 달걀컵도 함께 넣는다.

❹ 180℃에서 7분 정도 구우면 끝!

꿀팁

스팸은 6쪽으로 잘라 굽는 것보다 4등분하여 구우면 제일 맛있어요. 또 달걀은 저는 8분 정도 구웠는데, 달걀노른자가 조금 덜 익은 반숙이 좋아서 레시피는 7분으로 했어요. 달걀의 익힘 정도에 따라서 시간은 조절하세요.

반찬

RECIPE 04

석쇠 닭갈비 마요덮밥

시판 석쇠 닭갈비로 뚝딱 만들어 먹는 덮밥인데요,
파워블로거인 베르단디 언니의 레시피를 그대로 따라했어요.
밥에 얹은 달달한 양파볶음이 신의 한 수!
그리고 마요네즈를 곁들여 맛의 향연이 펼쳐져요.

Air fryer 180~200℃ 10분 → 뒤집어서 5분

❶ 에어프라이어는 180~200℃로 예열한다. 석쇠 닭갈비는 껍질을 위쪽으로 두고 얹어 10분 정도 굽고, 뒤집어서 5분 정도 더 굽는다.

Tip 에어프라이어의 기종에 따라 굽는 시간과 온도는 조절하세요.

❷ 양파는 채 썰고, 팬을 달구어 식용유를 살짝 두르고 채 썬 양파를 넣어 달달 볶는다. 양념 재료인 간장 1, 맛술 2, 올리고당 1, 후춧가루 약간을 넣고 조리듯 볶는다.

❸ 석쇠 닭갈비는 먹기 좋게 한입 크기로 썰고 쪽파는 송송 썬다.

❹ 따끈한 밥을 그릇에 담고 양파 볶음과 닭갈비를 얹고 마요네즈와 송송 썬 쪽파를 뿌리면 끝!

Tip 작은 일회용 비닐에 마요네즈를 적당량 넣고 가위로 작게 구멍을 내어 지그재그로 뿌리면 좋아요.

1인분
재료 준비
(저울 · 밥숟가락 계량)

주재료
석쇠 닭갈비 2쪽(100g)
밥 1공기(200g)
양파 1/2개(100g)
쪽파 1대
마요네즈 적당량
식용유 약간

양념 재료
간장 1
맛술 2
올리고당 1
후춧가루 약간

꿀팁

베르단디 언니의 블로그는 단디의 부엌(https://blog.naver.com/chaihyoun)이에요.

반찬

RECIPE 05

두부구이 강정

에어프라이어로 두부 강정도 만들 수 있어요.
두부를 에어프라이어에 넣으면 수분이 날아가면서
식감이 좋아지고 더 쫀쫀한 맛이 나요.
맛있는 강정 소스를 곁들여 달콤하게 드세요.

Air fryer 200℃ 5분 → 뒤집어서 5분

❶ 두부는 먹기 좋게 깍둑썰기한다.

❷ 에어프라이어 바스켓에 종이 포일을 깔고 두부를 얹은 다음 허브맛소금을 솔솔 뿌린다.

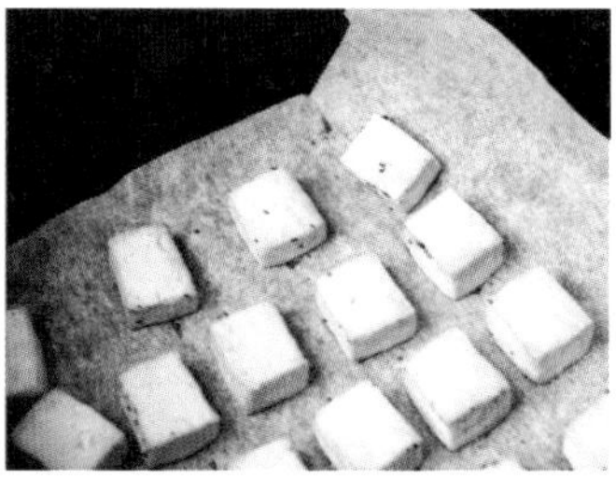

❸ 200℃에서 5분 정도 구워 뒤집은 다음 5분 정도 더 굽는다.

Tip 온도와 시간은 에어프라이어의 기종에 따라서 조절하세요.

❹ 강정 소스 재료인 고추장 1, 토마토케첩 1, 간장 2, 올리고당 3, 참기름 0.5를 넣고 끓인다. 바글바글 끓으면 구운 두부를 넣고 버무린 다음 쪽파를 송송 썰어 통깨와 함께 뿌리면 끝!

2인분
재료 준비
(저울 · 밥숟가락 계량)

주재료
두부 1모(300g)
쪽파 약간
통깨 적당량

양념 재료
허브맛소금 약간

강정 소스 재료
고추장 1
토마토케첩 1
간장 2
올리고당 3
참기름 0.5

반찬

RECIPE 06

두부 카레구이

에어프라이어로 만드는 두부부침이에요.
제가 좋아하는 카레 가루를 입힌 두부구이로
파채 무침과 함께 먹으면 별미 반찬으로 그만이에요.

Air fryer 200℃ 5분 → 뒤집어서 5분

❶ 두부는 길이대로 7등분한다. 두부에 카레 가루 1을 앞뒤로 바르고 실리콘 붓으로 식용유를 골고루 바른다.

❷ 에어프라이어 바스켓에 종이 포일을 깔고 식용유 1을 골고루 바른다. 카레 가루를 묻힌 두부를 얹어 200℃에서 5분 정도 굽는다.

❸ 두부를 뒤집어서 식용유를 바르고 200℃에서 5분 정도 더 굽는다.

Tip 에어프라이어의 기종에 따라서 온도와 시간은 조절하세요.

❹ 파채 무침 재료인 고춧가루 1, 설탕 1, 식초 1, 양조간장 2, 참기름 1, 깨소금 0.5를 한데 섞어 파채를 넣고 조물조물 무쳐서 곁들이면 끝!

2인분
재료 준비
(저울 · 밥숟가락 계량)

주재료
두부 1모(300g)
파채 2줌(200g)

두부 양념 재료
카레 가루 1
식용유 적당량

파채 무침 재료
고춧가루 1
설탕 1
식초 1
양조간장 2
참기름 1
깨소금 0.5

RECIPE 07

고추 베이컨말이

팬으로 요리해도 되지만
에어프라이어를 쓰면 세상 편한 레시피예요.
베이컨을 풋고추나 오이고추에 말면
한국식 베이컨말이가 돼요. 많은 사람들이 모일 때
핑거푸드로 또 포틀럭파티 음식으로 만들면 좋아요.

Air fryer

180℃ 7분

❶ 풋고추는 길이로 반으로 잘라 속의 씨를 빼낸다.

Tip 풋고추는 맵지 않은 큼직한 것을 사용하세요.

❷ 풋고추를 포개어 베이컨을 돌돌 만다.

Tip 풋고추 맛을 덜 나게 하려면 포개지 마세요. 반대로 고추 맛을 강하게 하려면 2등분하여 겹쳐 말면 돼요.

❸ 에어프라이어 바스켓에 베이컨이 아물려지는 방향을 아래쪽으로 두어 겹치지 않게 얹는다.

Tip 베이컨이 아물린 쪽을 아래로 두면 구워지면서 저절로 풋고추에 철썩 붙어요.

❹ 180℃에서 7분 정도 구워 통후추를 솔솔 뿌리면 끝!

Tip 에어프라이어의 기종에 따라서 굽는 시간과 온도는 조절하세요.

2인분
재료 준비
(대충 계량해도 맛있어요)

재료
풋고추 9개
베이컨 9줄
통후추 약간

반찬

RECIPE 08

가지 양념구이

"
에어프라이어는 간식을 만들기에 아주 좋은데,
반찬도 만들어 먹으면 좋아요.
고기반찬을 주로 해먹는데,
오늘은 채소반찬을 만들게요. 주인공은 가지예요.
에어프라이어를 이용하면
쫄깃하게 구워진 가지를 맛볼 수 있어요!
"

Air fryer

200℃ 7분

❶ 양념장 재료인 다진 파 1, 다진 홍고추 1, 다진 마늘 0.5, 고춧가루 0.5, 고추장 0.5, 간장 2, 올리고당 1, 참기름 1, 통깨 0.5를 고루 섞는다.

❷ 가지는 꼭지를 잘라내어 길이로 3등분한 다음 4등분하여 손가락 마디만 한 크기로 썬다.

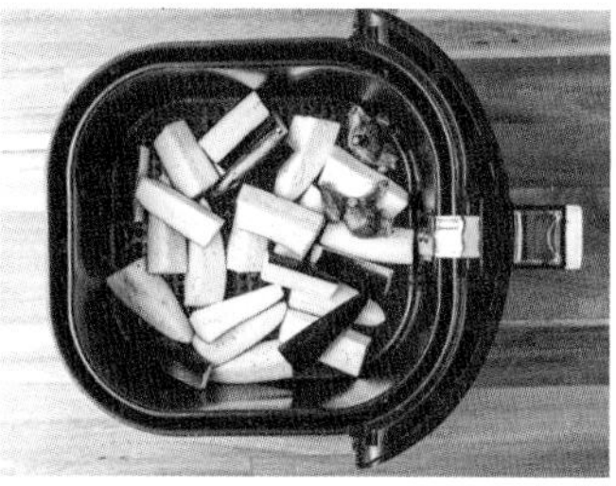

❸ 에어프라이어 바스켓에 가지를 고르게 펼쳐 넣는다.

❹ 200℃에서 7분 정도 구워 그릇에 담고 양념장을 끼얹으면 끝!

Tip 에어프라이어의 기종에 따라서 온도와 시간은 조절하세요.

2인분
재료 준비
(저울·밥숟가락 계량)

주재료
가지 2개(400g)

양념장 재료
다진 파 1
다진 홍고추 1(생략 가능)
다진 마늘 0.5
고춧가루 0.5
고추장 0.5
간장 2
올리고당 1
참기름 1
통깨 0.5

꿀팁

가지 양념장을 고추장과 간장을 섞어 만들었는데요, 간장 양념장으로 만들어도 좋아요.

#
반찬

RECIPE 09

삼치구이

에어프라이어에 꼭 해 먹어야 하는 요리는 생선구이예요.
그중의 삼치는 비교적 비린 맛이 덜해서 자주 구워 먹어요.
삼치에 기름을 발라 구우면 겉은 바삭하고
속은 촉촉하게 잘 구워져요.

Air fryer

❶ 삼치는 손질한 것으로 준비하여 칼집을 어슷하게 낸 다음 실리콘 붓으로 식용유를 바른다.

❷ 에어프라이어 바스켓에 종이 포일을 딱 맞게 깔고 삼치를 겹치지 않게 얹는다.

❸ 200℃에서 7분 정도 굽고, 뒤집어 3~5분 정도 더 구워 접시에 담는다. 통후추를 뿌리고 레몬을 곁들이면 끝!

Tip 온도와 시간은 에어프라이어의 기종에 따라서 조절하세요.

2인분
재료 준비
(대충 계량해도 맛있어요)

주재료
삼치 2~3토막
식용유 적당량

양념 재료
통후추 약간

선택 재료
레몬 2조각

\# 반찬

RECIPE 10

가자미구이

"
에어프라이어에 생선도 구울 수 있어요.
그러나 조리 시간은 더 걸려요.
대신 냄새는 덜하고
기름이 여기저기 튀는 것도 덜하니
시간이 조금 더 걸리는 것은 참을 수 있어요.
"

Air fryer

200℃ 10분 → 뒤집어서 5~10분

❶ 가자미는 머리, 지느러미, 속의 내장을 다듬고 찬물에 헹궈 굽기 좋게 잘라 키친타월로 물기를 톡톡 닦는다.

❷ 튀김옷 재료인 부침 가루 2와 카레 가루 1을 고루 섞은 다음 가자미에 튀김옷을 고루 묻혀 여분의 가루는 탈탈 털어낸다.

❸ 에어프라이어에 종이포일을 깔고 튀김옷을 입힌 가자미를 얹어 200℃에서 10분 정도 굽는다.

❹ 가자미를 뒤집어서 버터 1을 군데군데 얹어 200℃에서 5~10분 정도 더 구우면 끝!

Tip 버터나 기름칠을 하면 더 맛있고 윤기나게 구울 수 있어요. 또 중간에 노릇하게 속까지 다 구워졌는지 살펴가면서 구우세요.

2~3인분
재료 준비
(대충 계량해도 맛있어요)

주재료
가자미(큰 것) 1마리
버터 1

튀김옷 재료
부침 가루 2
카레 가루 1

꿀팁

생선을 구울 때 종이포일은 꼭 깔아야 해요. 바닥 쪽의 생선 껍질이 떨어지면서 모양이 망가지기도 하고 살점이 떨어지기도 하거든요. 그리고 종이포일로 기름이 흘러내리면서 아래쪽까지 촉촉하게 잘 구워져요.

반찬

RECIPE 11

꼬마 새송이버섯무침

꼬마 새송이버섯은 늘 된장찌개에 넣어 먹었는데,
오늘은 에어프라이어에 넣고 요리 좀 해볼까요?
꼬마 새송이버섯의 매력은 씹는 맛이죠.
에어프라이어를 이용하면 그 맛이 훨씬 좋아져요.
자, 만들어 볼게요.

Air fryer

200℃

5분

❶ 꼬마 새송이버섯은 물에 가볍게 헹구어 물기를 꾹 짠다.

❷ 에어프라이어 바스켓에 꼬마 새송이버섯을 넣어 200℃에서 5분 정도 굽는다.

Tip 에어프라이어의 기종에 따라서 온도와 시간은 조절하세요.

2~3인분
재료 준비
(저울·밥숟가락 계량)

주재료
꼬마 새송이버섯 3줌(300g)

양념 재료
구운 소금 약간
참기름 1
송송 썬 쪽파 1대분
깨소금 0.5

❸ 구운 꼬마 새송이버섯은 볼에 담고 양념 재료인 구운 소금 약간, 참기름 1, 송송 썬 쪽파 1대분, 깨소금 0.5를 넣고 조물조물 무치면 끝!

#
반찬

RECIPE 12

오징어구이

에어프라이어에 오징어를 구울 때는 그냥 굽는 것보다 밑간하여 구우면 훨씬 더 야들야들해요.
오늘은 에어프라이어에 생물 오징어 굽는 법을 소개할게요.

Air fryer

200℃ 5분

❶ 오징어는 내장을 빼내고 다리를 떼어낸 다음 깨끗하게 씻는다. 몸통의 가장자리에 가위집을 넣는다.

Tip 몸통에 가위집을 넣으면 먹음직스럽고 속까지 잘 익어요.

❷ 볼에 오징어를 넣고 밑간 재료인 허브맛소금 0.5, 크러쉬드 레드 페퍼 0.3, 올리브오일 4를 넣고 버무린다.

❸ 에어프라이어 바스켓에 밑간한 오징어를 얹고 200℃에서 5분 정도 구워 스위트 칠리 소스를 곁들이면 끝!

Tip 총알오징어가 아닌 일반 생물오징어를 구울 경우에는 굽는 시간을 더 늘리세요.

2인분
재료 준비
(저울·밥숟가락 계량)

주재료
오징어(작은 것) 4마리(350g)

밑간 재료
허브맛소금 0.5
크러쉬드 레드 페퍼 0.3
올리브오일 4

곁들임 소스 재료
스위트 칠리 소스 적당량

꿀팁

크러쉬드 레드 페퍼는 마른 레드 페퍼를 빻은 것이에요. 고추씨가 들어 있어 열을 가하면 매운맛이 나요. 생선 요리나 고기 요리, 볶음 요리 등에 곁들이면 좋아요.

#
반찬

RECIPE 13

오징어 양념구이

오징어에 양념하여 에어프라이어에 구우면
훌륭한 밥반찬이 만들어져요.
자, 그럼 식욕을 자극하는 꿀 반찬을
만들어 볼게요.

Air fryer 200℃ 3분 → 뒤집어서 5분

❶ 오징어는 내장을 빼내고 다리를 떼어낸 다음 깨끗하게 씻는다. 몸통의 가장자리에 가위집을 넣은 다음 씻어 밑간 재료인 허브맛소금 0.3과 올리브오일 2에 버무린다.

Tip 중간 크기의 오징어는 2마리를 사용하면 돼요.

❷ 볼에 양념장 재료인 고추장 2, 설탕 1, 다진 마늘 0.5, 간장 1, 맛술 1, 생강즙 약간, 올리고당 1, 참기름 1을 골고루 섞는다.

❸ 에어프라이어 바스켓에 오징어를 얹고 200℃에서 3분 정도 굽는다. 구운 오징어는 꺼내 양념장에 버무린다.

Tip 온도와 시간은 에어프라이어의 기종에 따라서 조절하세요.

❹ 에어프라이어 바스켓에 종이포일을 깔고 양념장에 버무린 오징어를 얹어 200℃에서 5분 정도 더 구워 접시에 담는다. 다진 풋고추와 통깨를 뿌리면 끝!

Tip 양념을 한 후에 바스켓 밑으로 양념이 흐르지 않게 종이포일을 깔고 구우세요.

2인분
재료 준비
(저울·밥숟가락 계량)

주재료
오징어(작은 것) 6마리(350g)

밑간 재료
허브맛소금 0.3
올리브오일 2

양념장 재료
고추장 2
설탕 1
다진 마늘 0.5
간장 1
맛술 1
생강즙(또는 생강가루) 약간
올리고당 1
참기름 1

장식 재료
다진 풋고추 적당량
통깨 적당량

반찬

RECIPE 14

프리타타

"프리타타는 서양식 달걀찜이라 할 수 있는데요.
에어프라이어를 이용하면 냉장고 속 자투리 채소와
식재료를 맛있게 요리하기에 좋아요.
프리타타는 낮은 온도에서 오래 구워야 속까지 잘 익어요."

Air fryer

160℃ 20분

❶ 브로콜리는 작게 자르고 방울토마토는 2등분한다. 비엔나소시지와 대파는 송송 썬다.

❷ 볼에 달걀물 재료인 달걀 3개, 우유 1/4컵, 샘표 연두 1, 통후추 약간을 넣고 고루 섞는다.

❸ 오븐 용기에 준비한 재료를 넣고 달걀물을 부은 다음 에어프라이어 바스켓에 얹는다.

❹ 160℃에서 20분 정도 구우면 끝!

Tip 속까지 잘 익히려면 낮은 온도에서 오래 구우세요.

2인분
재료 준비
(계량컵·밥숟가락 계량)

주재료
브로콜리 1줌
방울토마토 5개
비엔나소시지 5개
대파 1대

달걀물 재료
달걀 3개
우유 1/4컵
샘표 연두 1
통후추 약간

꿀팁

연두는 콩발효액과 국산 야채로 만든 식물성 요리에센스예요. 조금만 넣어도 요리의 맛을 살려줘요.

#
반찬

RECIPE 15

애호박구이 무침

호박고지는 호박을 말린 것을 말하는데요.
이 요리는 설컹거리게 씹히는 애호박과
호박고지의 중간 맛이 나요.
에어프라이어가 요술을 부린 참 매력적인 반찬이에요.

Air fryer 200℃ 10분 → 뒤집어서 3분

❶ 애호박은 도톰하게 반달 모양으로 썰어 에어프라이어 바스켓에 펼쳐 얹는다.

❷ 200℃에서 10분 정도 굽고 뒤집어서 3분 정도 더 굽는다.

❸ 양념장 재료인 다진 파 2, 다진 고추 2, 고춧가루 1, 간장 2, 다진 마늘 0.5, 올리고당 1, 참기름 1, 깨소금 0.5를 한데 섞는다.

❹ 볼에 구운 애호박을 넣고 양념장을 넣어 조물조물 무치면 끝!

2인분
재료 준비
(밥숟가락 계량)

주재료
애호박 1개

양념장 재료
다진 파 2
다진 고추 2
고춧가루 1
간장 2
다진 마늘 0.5
올리고당 1
참기름 1
깨소금 0.5

Chapter 06

“

이렇게 간단하다니,

홈베이킹

”

에어프라이어가 재료를 튀기는 도구라고 생각할 때는
베이킹과 거리가 먼 것이라 생각했는데,
세상에나!
이건 베이킹이 훨씬 더 잘 되는 거예요.
커다란 밥통 모양을 한 오븐이라고 생각하면
오븐에 넣어 구워 먹던 냉동 생지,
간단하게 구워 먹던 쿠키와 머핀까지
훌륭하게 구울 수 있어요.
이제 저는 오븐 대신 베이킹도 에어프라이어로 해요.

RECIPE 01

달걀빵

에어프라이어만 있으면 달걀빵 만들기가
'누워서 잠자기'처럼 쉬워요. 뚝딱 만들 수 있어
만드는 재미에 맛까지 보장 가능하답니다.
그래서 만들자마자 그 자리에서 뚝딱 다 먹었어요.
자, 그럼 즐겁게 만들어 볼게요~

Air fryer

170℃ 10~13분 → 뒤집어서 5분

6개
재료 준비
(저울·계량컵 계량)

재료
달걀 8개
우유 2/3컵
핫케이크 가루 2컵(200g)
식용유 적당량
구운 소금 적당량
쪽파 2대(생략 가능)

❶ 볼에 달걀 2개를 깨어 넣어 풀고 우유를 넣고 섞은 후 핫케이크 가루를 넣고 멍울 없이 잘 섞는다.

❷ 종이컵 6개를 준비하여 주방용 붓으로 안쪽에 꼼꼼하게 기름칠을 한 다음 반죽을 나눠 붓는다. 달걀 6개를 하나씩 깨어 넣고 가위로 달걀노른자를 싹둑 자른다.

Tip 기름칠을 하면 잘 떼어지니 종이컵 안쪽에 기름칠은 꼭 하세요. 또 노른자를 가위로 터뜨리지 않으면 잘 익지 않더라고요.

❸ 구운 소금을 한두 꼬집 집어서 솔솔 뿌리고 송송 썬 쪽파를 뿌린다.

Tip 쪽파나 파슬리가루를 솔솔 뿌리면 더 먹음직스러워요. 또는 다진 베이컨을 얹거나 채소를 잘게 다져 얹어도 좋아요.

❹ 에어프라이어에 종이포일을 깔고 컵을 얹어 170℃에서 10~13분 정도 굽고, 종이컵을 뜯어서 달걀빵을 뒤집어 170℃에서 5분 정도 더 구우면 끝!

꿀팁

종이컵 대신 머핀틀을 사용하는 것이 좋아요. 종이컵에 달걀빵을 구울 때 깊이가 있으면 아래쪽이 안 익을 수 있거든요. 그래서 종이컵을 도려내고 뒤집어서 구워요.

RECIPE 02

초코칩 쿠키

“
에어프라이어로 쿠키를 구울 때
가장 주의해야 할 것은
종이포일을 꼭 깔아줘야 한다는 거예요.
반죽이 흘러서 바스켓 아래쪽으로
흐르거든요.
”

Air fryer 170℃ 7분 → 뒤집어서 5~8분

❶ 시판 초코칩 쿠키 믹스를 준비한다. 버터는 미리 실온에 꺼내 두었다가 볼에 넣고 잘 푼 다음 달걀을 넣고 골고루 섞는다.

Tip 달걀은 노른자는 모두 넣고 흰자는 양에 맞게 넣으세요.

❷ ①에 초코칩 쿠키 믹스를 넣고 고루 섞어 10등분한 다음 둥글넓적하게 만든다.

Tip 둥글게 모양을 잡아도 구워지면서 퍼져요.

❸ 에어프라이어 바스켓에 종이포일을 깔고 반죽은 간격을 띄어 얹는다. 170℃에서 7분 정도 굽는다.

❹ 쿠키를 뒤집어서 5~8분 정도 구우면 끝!

Tip 에어프라이어의 기종에 따라서 온도와 시간은 조절하세요.

10개
재료 준비
(저울 계량)

주재료
초코칩 쿠키 믹스 270g
버터 70g
달걀 1/2개

추가 재료
초코칩 적당량

꿀팁

쿠키를 폭신하게 먹고 싶다면 덜 굽고, 바삭하게 먹고 싶다면 오래 구우세요.

\#
홈베이킹

"
오늘은 시판 믹스로
더 맛있는 머핀을
에어프라이어에 구워 볼게요.
집에 남아도는 잼을 더해서
만드니까 더 촉촉하고
진짜 맛있어요.
"

RECIPE 03

머핀

Air fryer

170℃ 12~15분

❶ 달걀은 깨어 고루 풀어 우유 80g을 넣고 잘 섞는다.

❷ ①에 머핀 믹스와 버터를 넣고 골고루 섞은 다음 머핀틀에 3분의 2 정도만 채운다.

Tip 작은 머핀틀 12개에 나눠 넣었어요.

작은 것 12개
재료 준비
(저울 계량)

주재료
달걀 2개
우유 80g
머핀 믹스 300g
버터(또는 식용유) 50g

추가 재료
잼 적당량
초코칩 적당량

❸ 4개에는 포도잼을, 4개에는 귤잼을 1티스푼씩 넣는다. 나머지 4개에는 초코칩을 적당히 넣는다.

Tip 집에 있는 잼이라면 무엇이라도 좋아요. 넉넉히 넣으면 더 촉촉하고 달고 맛있어요.

❹ 에어프라이어 대용량 바스켓에 얹고 170℃에서 12~15분 정도 구우면 끝!

Tip 머핀틀의 크기나 반죽의 양, 굽는 개수에 따라서 시간은 조절하세요.

RECIPE 04

브라우니

“
에어프라이어를 사용하면서
베이킹을 할 때마다 감탄해요!
예전보다 맛이 훨씬 좋아진
시판 믹스로 만든 브라우니도
이제 종종 구워야겠어요.
입맛 까다로운 아이들도
맛있다고 먹거든요.
”

Air fryer 170℃ 20분 → 뒤집어서 3분

❶ 브라우니 믹스에 물 55g을 넣어 골고루 섞는다.

❷ 평평하고 넓적한 오븐 용기에 종이포일을 맞춰서 깔고 브라우니 반죽을 넣는다.

Tip 베이킹틀을 이용해도 좋고 종이포일로 그릇을 만들어도 좋아요. 또 이때 추가 재료인 초코칩을 뿌리면 더 먹음직해요.

1판
재료 준비
(저울 계량)

주재료
브라우니 믹스 320g
물(또는 우유) 55g

추가 재료
초코칩 적당량

❸ 에어프라이어 바스켓에 오븐 용기를 넣고 170℃에서 20분 정도 굽는다.

Tip 에어프라이어의 기종에 따라서 온도와 시간은 조절하세요.

❹ 뒤집어서 아래쪽의 덜 구워진 부분을 3분 정도 더 구우면 끝!

꿀팁

시판 브라우니는 보통 전자레인지에 조리하라고 표시되어 있는데요, 오븐이나 에어프라이어로 구우면 촉촉하고 훨씬 더 맛있어요.

#
홈베이킹

RECIPE 05

치즈 스콘

"
오늘은 치즈 스콘을 구웠어요.
시판 믹스 제품을 사용하니 세상에 이렇게나
쉬운 것이 없네요. 가루 재료를 일일이 계량하고
사다 놓은 재료의 유통기한을 넘겨서
버리는 일도 없으니 정말 편해요.
"

Air fryer 170℃ 10분 → 뒤집어서 160℃ 7~8분

❶ 볼에 시판 비스킥과 우유를 넣어 고루 섞이도록 치댄 다음 체다 슬라이스 치즈를 듬성듬성 썰어서 넣고 고루 치댄다.

Tip 반죽을 보아 가며 우유의 양은 조절하세요.

❷ 반죽은 한 덩어리로 뭉쳐서 둥글넓적하게 빚어 삼각형 모양으로 6등분한다.

Tip 모양은 원하는 대로 만드세요.

6개
재료 준비
(저울·계량컵 계량)

주재료
시판 비스킥 1봉(212g)
우유(또는 물) 1/2컵(100㎖)
체다 슬라이스 치즈 2장

곁들임 재료
딸기잼(또는 과일잼) 적당량

❸ 대용량 에어프라이어에 종이 포일을 깔고 치즈 스콘 반죽을 간격을 띄어 얹은 다음 170℃에서 10분 정도 굽는다.

❹ 뒤집어서 160℃에서 7~8분 정도 구워 딸기잼을 곁들이면 끝!

Tip 에어프라이어의 기종에 따라서 온도와 시간은 조절하세요. 스콘은 굽고 나면 아랫면은 좀 덜 익은 느낌이 드는데, 뒤집어서 더 구우면 고루 잘 익어요.

꿀팁

비스킥은 허니 버터, 버터 밀크, 치즈 갈릭의 세 가지 맛이 있으니 원하는 것으로 구입하세요. 저는 짭짤한 맛의 스콘을 좋아해서 치즈 갈릭을 사용했어요.

홈베이킹

RECIPE 06

햄 치즈 스콘

담백한 스콘 대신
여러 재료가 가득 들어간
짭조름한 스콘을 만들었어요.
재료를 다 갖출 필요 없이
세상 너무 편한 비스킷 믹스를
사용했어요. 여기에 햄도 넣고,
치즈도 넣고, 양파와 대파도
듬뿍 넣은 스콘이에요.
자, 이것도 정말 쉽게 만들어 볼게요~

Air fryer 170℃ 10분 → 뒤집어서 160℃ 7~8분

❶ 대파는 송송 썰고 소시지는 길이대로 반으로 잘라 송송 썰고 양파는 잘게 채 썬다. 달군 팬에 식용유 1을 두르고 대파, 양파, 소시지를 넣고 달달 볶아 식힌다.

Tip 소시지는 간이 되어 있어서 따로 소금과 후춧가루 간은 하지 않았어요. 짭조름한 것을 좋아하면 소금간을 하세요.

❷ 볼에 시판 비스킥을 담고 우유를 넣은 다음 고루 섞이도록 치댄다. 미리 볶아 놓은 재료들과 체다 슬라이스 치즈를 굵직하게 썰어 넣고 고루 섞은 다음 반죽을 8등분하여 둥글게 뭉친다.

Tip 질기를 봐서 우유의 양을 조절하세요.

❸ 대용량 에어프라이어에 종이 포일을 깔고 스콘을 간격을 두고 얹어 170℃에서 10분 정도 굽는다.

Tip 에어프라이어의 기종에 따라서 온도와 시간은 조절하세요.

❹ 위아래를 뒤집어서 160℃에서 7~8분 정도 구우면 끝!

Tip 스콘은 구웠을 때 아랫면이 덜 구워진 것 같으면 뒤집어서 다시 구우면 고루 잘 익어요.

8개
재료 준비
(저울·계량컵 계량)

주재료
시판 비스킥 1봉(212g)
우유(또는 물) 1/2컵(100㎖)

추가 재료
대파 1대
소시지 2개(200g)
양파 1/4개
식용유 1
체다 슬라이스 치즈 1장

꿀팁

시판되는 스콘 믹스 중에 좋아하는 제품을 사용해도 좋아요.

Chapter 07

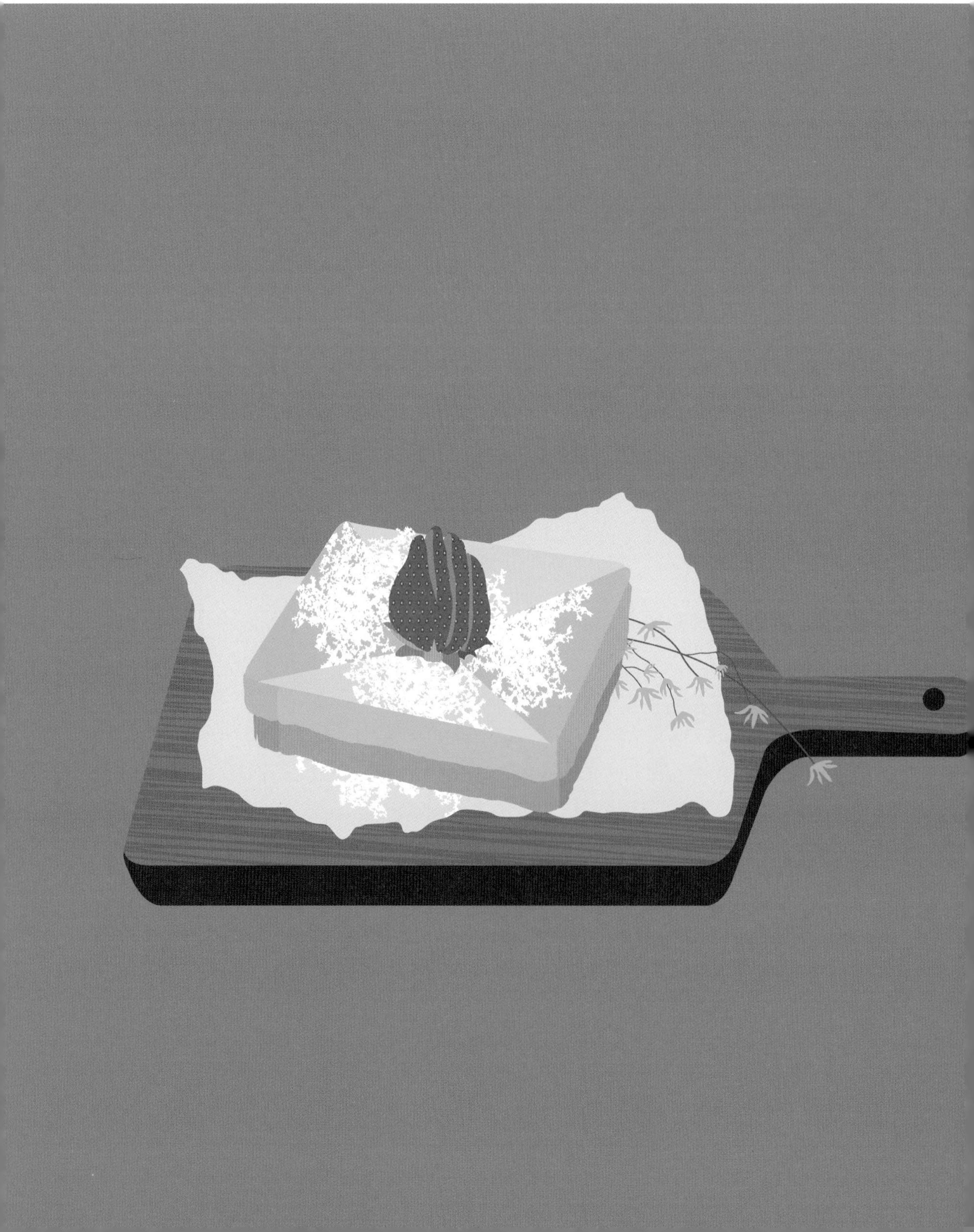

“시판 빵으로 빵빵빵 요리”

시판되는 식빵, 토르티야, 바게트 등의 빵들이
에어프라이어에 들어갔다 나오면 예술이 됩니다.
그냥 먹기 밋밋했던 빵들이 재료와 양념을 더 하면
근사한 브런치 요리가 되고, 맛있는 '빵 요리'가 되네요.
이 챕터는 카페 사장님들이 참고하셔도
참 좋을 만한 요리들로 묶었어요.
빵 요리도 근사하게 디자인해 보세요.

#
빵빵빵
요리

RECIPE 01

토르티야 그릇 피자

두툼한 빵으로 만든 피자를 싫어하는 분들은
토르티야를 이용한 피자를 좋아하실 텐데요,
안에 내용물을 듬뿍 담으면 속이 가득한 피자가 되겠죠?
치즈를 듬뿍 넣어도 좋고, 짜지 않은 재료를
바짝 볶아서 넣어도 좋은데, 저는 콘 치즈를 만들고
남은 재료를 활용했어요.

Air fryer

180℃ 7분

❶ 옥수수 통조림은 물기를 쪽 빼서 준비하고, 양파와 풋고추는 잘게 다지듯 썬다.

Tip 옥수수의 물기를 빼는 것이 중요해요. 시간이 없다면 팬에 옥수수를 넣고 물기 없이 바짝 볶으세요.

❷ 볼에 옥수수, 양파, 풋고추를 넣고 양념 재료인 설탕 1, 허브맛소금 0.3, 마요네즈 4를 넣고 버무린다.

❸ 국 대접에 8인치짜리 토르티야를 얹고 ②를 반 정도 채워 넣는다. 그 위에 모차렐라 치즈를 소복하게 얹고 체다 슬라이스 치즈를 듬성듬성 뜯어 얹은 다음 비엔나소시지를 모양내서 얹는다.

❹ 에어프라이어 바스켓에 국 대접을 얹고 파슬리가루를 솔솔 뿌린 다음 180℃에서 7분 정도 구우면 끝!

Tip 에어프라이어의 기종에 따라서 온도와 시간은 조절하세요.

2인분
재료 준비
(저울·계량컵·밥숟가락 계량)

주재료
토르티야(8인치) 2장
옥수수 통조림 1통(280g)
양파 1/4개
풋고추 1개
모차렐라 치즈 1컵
체다 슬라이스 치즈 1장
비엔나소시지 2개
파슬리가루 적당량

양념 재료
설탕 1
허브맛소금 0.3
마요네즈 4

꿀팁

위쪽은 잘 구워졌는데, 바닥 쪽은 노릇하게 안 구워져요. 그럴 때에는 대접에서 빼서 달군 팬에 토르티야의 바닥 쪽을 얹어 노릇하게 구우면 그릇 피자에 힘이 생겨요. 또 집에서 사용하는 도자기 재질의 국 대접과 밥 공기는 에어프라이어에 사용할 수 있어요.

RECIPE 02

토르티야 소시지말이

토르티야는 마트에 가면
쉽게 살 수 있고 집에 있는 소스와
치즈, 소시지만 있으면 재미있게 만들 수 있어요.
자, 그럼 만들어 볼게요.

Air fryer

180℃ 5분

❶ 토르티야를 도마에 얹고 소스 재료인 스위트 칠리 소스 1.5, 토마토케첩 0.5, 마요네즈 1을 펴 바른다.

Tip 집에 있는 소스를 활용하세요.

❷ 모차렐라 치즈와 체다 슬라이스 치즈를 얹은 다음 소시지에 칼집을 내어 얹는다.

2인분

재료 준비

(계량컵·밥숟가락 계량)

주재료

토르티야 2장(8인치)

모차렐라 치즈 1컵

체다 슬라이스 치즈 1장

소시지 2개

소스 재료

스위트 칠리 소스 3

토마토케첩 1

마요네즈 2

❸ 토르티야를 부채꼴 모양으로 접어 체다 슬라이스 치즈 약간을 얹은 다음 이쑤시개로 고정한다.

Tip 같은 방법으로 1개를 더 만드세요.

❹ 에어프라이어 바스켓에 토르티야를 얹고 180℃에서 5분 정도 구우면 끝!

Tip 에어프라이어의 기종에 따라서 온도와 시간은 조절하세요.

#
빵빵빵
요리

RECIPE 03

바게트 아코디언 햄 치즈구이

"
오늘은 바게트를 통으로 사용하여 사이사이에
재료를 끼워 넣고 구웠어요. 만드는 과정이 놀이가 되는
참 재미있는 요리 시간이에요.
만약에 훗날 브런치 가게를 하게 된다면
메뉴에 넣고 싶을 정도로 마음에 드는 레시피예요.
"

Air fryer

180℃

3분

❶ 바게트는 아래쪽을 약간 남겨 놓은 상태로 1.5cm 간격으로 어슷하게 칼집을 낸다.

Tip 칼집 사이로 재료를 끼울 거예요.

❷ 슬라이스 햄과 체다 슬라이스 치즈를 준비한다. 부재료인 양파 채 썬 것 약간과 치커리도 준비한다. 바게트 사이사이에 슬라이스 햄과 체다 슬라이스 치즈를 잘라 채워 넣은 다음 군데군데 양파와 치커리도 채워 넣는다.

Tip 부재료는 없으면 생략해도 돼요.

❸ 스위트 칠리 소스 3을 한 줄로 뿌린 다음 모차렐라 치즈 3을 스위트 칠리 소스에 소복하게 얹는다.

❹ 에어프라이어 바스켓에 바게트를 넣어 180℃에서 3분 정도 구우면 끝!

Tip 에어프라이어의 기종에 따라서 온도와 시간은 조절하세요.

2인분
재료 준비
(밥숟가락 계량)

주재료
바게트(15cm 길이) 1개
슬라이스 햄 7장
체다 슬라이스 치즈 2장
스위트 칠리 소스 3
모차렐라 치즈 3

부재료
양파 채 썬 것 약간
치커리(또는 바질) 약간

꿀팁

혼자 먹으면 완전 배불리 먹을 수 있고, 둘이서 먹는다면 아코디언 바게트 하나에 샐러드를 곁들여 먹으면 폼 나는 브런치 메뉴가 될 거예요. 소 재료에 변화를 주면 더욱 다양한 맛을 즐길 수 있어요.

빵빵빵 요리

RECIPE 04

불고기 식빵 피자

불고기는 만능으로
활용할 수 있는 재료예요!
식빵 피자에도, 케사디아에도
멋지게 활용할 수 있어요.
고기를 넣은 홈메이드 피자는
아이들이 참 좋아해요.

Air fryer

180℃ 5분

❶ 다진 쇠고기에 양념 재료인 다진 마늘 0.5, 다진 파 1, 설탕 0.3, 맛술 1, 간장 1, 참기름 0.5, 후춧가루 약간을 넣고 조물조물 버무린다.

❷ 달군 팬에 식용유를 약간 두르고 다진 양파와 다진 피망을 넣고 달달 볶다가 양념한 쇠고기를 넣고 익을 때까지 볶는다.

❸ 식빵 1장에 스위트 칠리 소스 1.5, 마요네즈 1, 토마토케첩 0.5를 고루 펴 바른다. 모차렐라 치즈를 약간 얹고 쇠고기를 얹은 다음 모차렐라 치즈를 적당히 얹는다.

Tip 같은 방법으로 1개를 더 만드세요.

❹ 에어프라이어 바스켓에 식빵을 얹고 180℃에서 5분 정도 구우면 끝!

Tip 에어프라이어의 기종에 따라서 온도와 시간은 조절하세요.

2장
재료 준비
(저울·계량컵·밥숟가락 계량)

주재료
다진 쇠고기 100g
다진 양파 1/4개분
다진 피망(또는 꽈리고추) 약간
식빵 2장
모차렐라 치즈 1컵
식용유 약간

쇠고기 양념 재료
다진 마늘 0.5
다진 파 1
설탕 0.3
맛술 1
간장 1
참기름 0.5
후춧가루 약간

소스 재료
스위트 칠리 소스 3
마요네즈 2
토마토케첩 1

꿀팁

토마토케첩 대신 토마토 소스나 피자 소스를 발라도 돼요.

RECIPE 05

불고기 케사디아

낯선 식재료였던 토르티야를 이제는 마트에서도 쉽게 구할 수 있어요.
토르티야에 불고기를 가득 채워 피자처럼 먹을 수 있는 케사디아를 만들었어요.
우리 집에는 기특한 에어프라이어가 있으니까요.

Air fryer

180℃ 5분

❶ 다진 쇠고기에 양념 재료인 다진 마늘 0.5, 다진 파 1, 설탕 0.3, 맛술 1, 간장 1, 참기름 0.5, 후춧가루 약간을 넣고 조물조물 버무린다.

❷ 달군 팬에 식용유를 약간 두르고 다진 양파와 다진 피망을 넣고 달달 볶다가 양념한 쇠고기를 넣고 익을 때까지 볶는다.

❸ 토르티야 1장에 스위트 칠리 소스 1.5, 마요네즈 1, 토마토케첩 0.5를 반쪽에만 펴 바른다. 모차렐라 치즈를 약간 얹고 쇠고기, 체다 슬라이스 치즈, 8등분한 방울토마토를 얹은 다음 모차렐라 치즈를 적당히 얹는다.

Tip 같은 방법으로 1개를 더 만드세요.

❹ 토르티야의 토핑이 살짝 보이도록 반을 접어 에어프라이어 바스켓에 담고 180℃에서 5분 정도 구우면 끝!

Tip 이쑤시개로 눌러 고정해 구워도 좋아요. 또 에어프라이어의 기종에 따라서 온도와 시간은 조절하세요.

2장
재료 준비
(저울·계량컵·밥숟가락 계량)

주재료
다진 쇠고기 100g
다진 양파 1/4개분
다진 피망(또는 꽈리고추) 약간
토르티야 2장(8인치)
모차렐라 치즈 1컵
체다 슬라이스 치즈 1장
방울토마토 2개
식용유 약간

쇠고기 양념 재료
다진 마늘 0.5
다진 파 1
설탕 0.3
맛술 1
간장 1
참기름 0.5
후춧가루 약간

소스 재료
스위트 칠리 소스 3
마요네즈 2
토마토케첩 1

꿀팁

토마토케첩 대신 토마토 소스나 피자 소스를 발라도 돼요.

#빵빵빵 요리

RECIPE 06

버섯 베이컨 케사디아

오늘은 버섯과 베이컨을 넣은 케사디아를 만들었어요.
만들고 나서 맛을 보면 수고를 잊을 만큼 맛이 좋아요.
에어프라이어만 있으면 이제 케사디아 만들기도 만만해요.

Air fryer

180℃ 5분

❶ 양송이버섯은 먹기 좋게 썰고 베이컨은 송송 썬다. 양파와 쪽파는 잘게 썬다.

❷ 팬을 달구어 식용유를 약간 두르고 준비한 재료를 넣어 달달 볶다가 양념 재료인 소금과 후춧가루를 넣는다.

Tip 베이컨과 체다 슬라이스 치즈가 들어가니 소금 간은 살짝 하세요.

❸ 토르티야에 소스 재료인 스위트 칠리 소스 2와 마요네즈 1을 반쪽만 펴 바른다. 모차렐라 치즈를 솔솔 뿌리고 ②의 볶은 재료를 고루 얹은 다음 모차렐라 치즈와 체다 슬라이스 치즈를 군데군데 얹는다.

❹ 에어프라이어 바스켓에 토르티야를 반 접어 얹고 이쑤시개를 꽂아 고정한다. 180℃에서 5분 정도 구우면 끝!

Tip 에어프라이어의 기종에 따라서 온도와 시간은 조절하세요.

1~2인분
재료 준비
(저울·계량컵·밥숟가락 계량)

주재료
양송이버섯 1줌(70g)
베이컨 2줄
양파 1/8개(30g)
쪽파(또는 꽈리고추, 피망) 1줌
토르티야 1장(8인치)
모차렐라 치즈 1/2컵
체다 슬라이스 치즈 1장
식용유 약간

양념 재료
소금 · 후춧가루 약간씩

소스 재료
스위트 칠리 소스 2
마요네즈 1

RECIPE 07

훈제연어 브루스케타

이 요리는 바게트를 활용한 핑거 푸드예요.
맛의 비결은 스프레드를 만들어
바게트에 바르고 굽는 것이에요.
훈제연어 대신 크래미 맛살 샐러드나
닭 가슴살 토핑을 얹어도 맛있어요.

Air fryer

180℃ 3분

❶ 바게트빵은 어슷하게 썬다. 마늘 스프레드 재료인 다진 마늘 0.5, 꿀 1, 올리브오일 2, 소금 약간을 넣고 고루 섞는다.

❷ 바게트에 마늘 스프레드를 고루 나눠 바른다.

❸ 에어프라이어 바스켓에 바게트를 얹어 180℃에서 3분 정도 굽는다.

Tip 에어프라이어의 기종에 따라서 온도와 시간은 조절하세요.

❹ 구운 바게트에 크림치즈를 1숟가락씩 펴 바른 다음 훈제연어 슬라이스를 1장씩 모양내어 얹고 파슬리가루를 솔솔 뿌리면 끝!

Tip 훈제연어 대신 좋아하는 다른 재료를 얹어도 좋아요.

2~3인분
재료 준비
(밥숟가락 계량)

주재료
바게트 5개
크림치즈 5
훈제연어 슬라이스 5장

마늘 스프레드 재료
다진 마늘 0.5
꿀 1
올리브오일 2
소금 약간

장식 재료
파슬리가루 약간

빵빵빵 요리

RECIPE 08

마늘빵

에어프라이어가 빛을 발하는 요리 중 하나는 마늘빵이에요. 냉동실에 넣어둔 식빵으로 만들어도 충분히 맛있는 마늘빵을 만들 수 있어요.

Air fryer

180℃ 4~5분

❶ 마늘 버터 재료인 버터 2, 다진 마늘 1, 소금 약간, 아가베시럽 1, 파슬리가루 0.3을 고루 섞는다.

Tip 아가베시럽이나 꿀을 넣으면 훨씬 맛있어요. 그러나 단맛이 싫다면 빼도 돼요.

❷ 식빵 2장에 마늘 버터를 나눠서 고루 펴 바른다.

1~2인분
재료 준비
(밥숟가락 계량)

주재료
식빵 2장

마늘 버터 재료
버터 2
다진 마늘 1
소금 약간
아가베시럽(또는 꿀) 1
파슬리가루 0.3

❸ 에어프라이어에 마늘빵을 얹고 180℃에서 4~5분 정도 구우면 끝!

Tip 에어프라이어의 기종에 따라서 온도와 시간은 조절하세요.

빵빵빵 요리

RECIPE 09

베이컨 달걀빵

"오늘은 제가 에어프라이어로
예술을 좀 해 볼게요.
그동안에는 베이컨 달걀빵을
오븐에 만들었는데,
에어프라이어로 충분히 만들 수 있어요."

Air fryer

170℃ 8~10분

1인분
재료 준비
(대충 계량해도 맛있어요)

주재료
식빵 2장
달걀 1개
베이컨(긴 것) 2줄
파슬리가루 약간

곁들임 재료
딸기잼·바질 페스토·토마토케첩 등

❶ 식빵 1장의 가운데에 5~6cm 지름의 그릇을 엎어 구멍을 뚫는다.

❷ 식빵을 포갠다. 베이컨은 반으로 잘라 엑스자 모양으로 식빵에 얹은 다음 달걀 1개를 깨어 얹는다. 파슬리가루도 뿌린다.

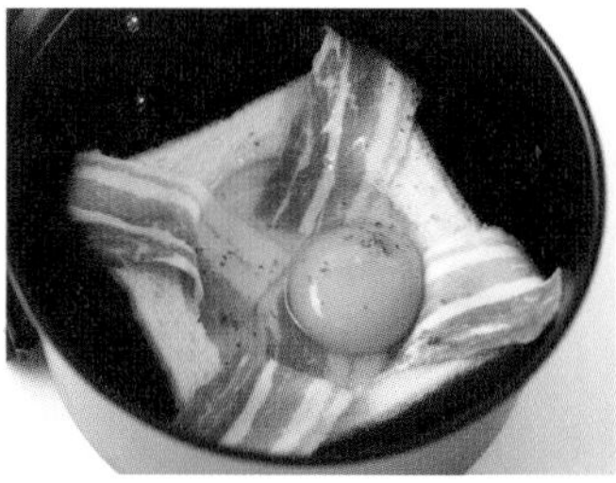

❸ 에어프라이어 바스켓에 식빵을 조심스레 얹는다.

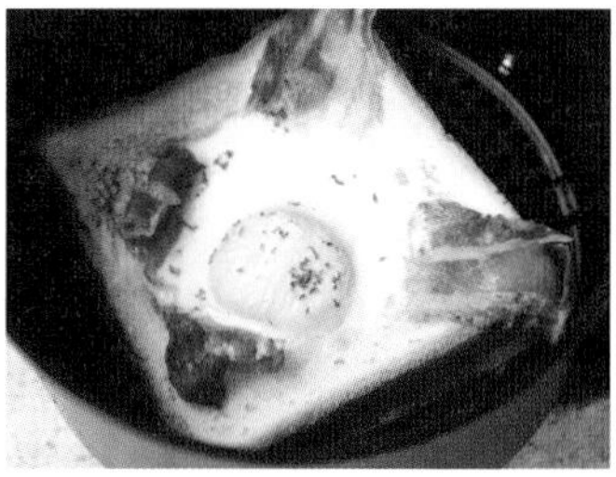

❹ 170℃에서 8~10분 정도 구워 곁들임 재료를 곁들이면 끝!
Tip 중간에 구워지는 것을 보아 가며 시간을 조절하세요.

꿀팁

170℃에서 8~10분 정도 구우면 노른자와 흰자가 반숙으로 익어요. 속까지 다 익히고 싶다면 온도는 낮추고 시간은 늘려서 구우세요.

에어프라이어로 만드는 달걀 반숙 토스트!
바쁜 아침에 식빵 한 장 꺼내어 마요네즈로 동그랗게
원을 그리고 그 원에 달걀을 깨어 넣고 에어프라이어에 익혀요.
다른 일을 하는 동안 완성되었음을 알리는 소리 "땡!"
반가운 소리, 반가운 아침이에요.

RECIPE 10

달걀 마요 반숙 토스트

Air fryer

170℃ 5~7분

❶ 식빵에 마요네즈로 둥글게 두 바퀴 정도 원을 그린다.

❷ 마요네즈 원 안에 달걀을 깨어 얹고 파슬리가루를 솔솔 뿌린다.

1인분
재료 준비
(대충 계량해도 맛있어요)

주재료
식빵 1장
마요네즈 적당량
달걀 1개

장식 재료
파슬리가루 약간

❸ 에어프라이어 바스켓에 식빵을 얹는다.

❹ 170℃에서 5~7분 정도 구우면 끝!

Tip 온도와 시간은 에어프라이어의 기종에 따라서 조절하세요. 완숙으로 다 익히려 하면 식빵이 타서 과자 부스러기가 되므로 주의하세요.

빵빵빵 요리

RECIPE 11

베이컨 롤 토스트

"

빵집에서 파는 베이컨 롤 토스트를
간단 버전으로 만들었어요.
만드는 재미도 있고 맛도 좋아요.
브런치 메뉴로 적당한데,
달걀 샐러드나 채소 가득한
샐러드를 곁들이면
아주 만족스러울 거예요.

"

Air fryer

180℃ 5분

❶ 식빵은 부드러운 것으로 준비하여 밀대로 꾹꾹 밀어 딸기잼을 펴 바른다.

Tip 딱딱한 냉동 식빵으로 만들면 말기 힘들어요.

❷ 잼이 있는 부분을 안쪽으로 하여 식빵을 돌돌 만다.

1~2인분
재료 준비
(대충 계량해도 맛있어요)

주재료
식빵 2장
딸기잼 4
베이컨 4줄

장식 재료
파슬리가루 약간

❸ 식빵 1개당 베이컨을 2줄씩 돌돌 만다.

Tip 베이컨이 길고 큰 것을 사용한다면 1줄만 사용해도 좋아요.

❹ 에어프라이어 바스켓에 식빵의 아물린 쪽을 아래쪽으로 하여 얹는다. 180℃에서 5분 정도 구우면 끝!

Tip 에어프라이어의 기종에 따라서 온도와 시간은 조절하세요.

빵빵빵
요리

RECIPE 12

베이컨 치즈 토스트

"
블로그 서치를 하다가
알콩님의 블로그를 보고
체크 모양의 토스트를 따라
만들어 보았어요.
편하게 만들려면 그냥 치즈 깔고
베이컨 깔고 만들면 되는데,
일부러 격자무늬를 만들려니
은근 재미있네요.
"

Air fryer

180℃ 5분

❶ 식빵에 마요네즈를 1숟가락씩 펴 바른 다음 가운데를 중심으로 딸기잼을 펴 바른다.

❷ 베이컨은 식빵 길이대로 4등분하여 자르고 체다 슬라이스 치즈도 4등분하여 격자무늬를 만든다.

❸ 파슬리가루를 살짝 뿌린다.

Tip 같은 방법으로 1개를 더 만드세요.

❹ 에어프라이어 바스켓에 식빵을 얹고 180℃에서 5분 정도 구우면 끝!

Tip 에어프라이어의 기종에 따라서 온도와 시간은 조절하세요.

1~2인분
재료 준비
(대충 계량해도 맛있어요)

주재료
식빵 2장
베이컨 2장
체다 슬라이스 치즈 2장

스프레드 재료
마요네즈 2
딸기잼 2

장식 재료
파슬리가루 약간

꿀팁

참고한 알콩님의 레시피는 https://blog.naver.com/ssieie/221313650501이에요.

빵빵빵 요리

RECIPE 13

하이토스트

“

통식빵으로 하이토스트를 만들었어요.
겉은 설탕옷을 입혀 바삭바삭하니 달콤하고,
속은 식빵의 쫄깃함과 촉촉함을 지녀 정말 맛있어요.
자, 우리에게는 에어프라이어가 있으니까
재미있게 만들어 봐요.

”

Air fryer 160℃ 5분 → 뒤집어서 3분

❶ 통으로 된 식빵을 준비하여 가장자리는 취향껏 잘라내고 삼각형 모양으로 4조각으로 자른다. 버터는 중탕하거나 전자레인지에 녹여 식빵에 바른다.

Tip 버터의 양을 잘 나눠 식빵에 골고루 바르세요.

❷ 바트에 유기농 설탕을 담고 버터칠을 한 식빵을 얹어 설탕옷을 고루 입힌다.

Tip 입자가 조금 굵은 유기농 설탕을 묻히면 훨씬 맛있어요.

❸ 식빵을 대용량 에어프라이어에 넣고 160℃에서 5분 정도 굽는다.

Tip 작은 에어프라이어를 사용한다면 1개나 2개를 넣고 구우세요.

❹ 위아래를 뒤집어 160℃에서 3분 정도 더 구우면 끝!

Tip 오븐에 구울 때는 15~20분 정도 걸렸는데, 에어프라이어에 구우면 10분도 안 걸려요.

4인분
재료 준비
(저울 계량)

재료
통식빵(큼직하게) 4조각
버터 100g
유기농 설탕 적당량

RECIPE 14

프렌치 토스트

빵 요리 하면 프렌치 토스트가 가장 먼저 떠올라요.
에어프라이어에도 달걀물을 듬뿍 적신
프렌치 토스트를 구울 수 있어요.
치즈와 잼을 넣어 구우면 더 맛있어요.

Air fryer　180℃ 5분 → 뒤집어서 3분

❶ 식빵 한 면에 딸기잼을 펴 바르고 체다 슬라이스 치즈를 얹어 샌드한다.

❷ 볼에 달걀물 재료인 달걀 1개, 우유 3, 소금 약간을 넣고 잘 섞는다. 달걀물에 식빵을 앞뒤로 흠뻑 적신다.

❸ 에어프라이어 바스켓에 종이 포일을 깔고 녹인 버터를 바른 다음 식빵을 얹는다.

Tip 아래쪽이 눌어붙을 수 있으니 버터칠을 하세요.

❹ 180℃에서 5분 정도 굽고 뒤집어서 3분 정도 더 구워 4등분한다. 딸기로 장식한 다음 슈거파우더를 체에 넣고 솔솔 뿌리면 끝!

Tip 뜨거울 때 추가로 버터를 얹어도 좋아요.

1인분
재료 준비
(밥숟가락 계량)

주재료
식빵 2장
딸기잼 2
체다 슬라이스 치즈 1장
녹인 버터 1

달걀물 재료
달걀 1개
우유 3
소금 약간

장식 재료
딸기 1개
슈거파우더 적당량

빵빵빵 요리

RECIPE 15

바나나 땅콩버터 토스트

"
엘비스 프레슬리가 이 토스트를 즐겨 먹었다는 이야기를 듣고,
에어프라이어로 만들면 어떨지 궁금하여 만들어 봤어요.
역시나 상상 이상의 맛이에요. 레시피에는 2인분이라고 했지만,
4명이 나눠 먹을 수 있어요.
"

Air fryer

180℃ 5분

❶ 바나나는 어슷하게 썬다.

❷ 식빵 한 면에 땅콩버터를 2~3 숟가락 정도 펴 바른다.

Tip 제 입맛에는 땅콩 입자가 씹히는 땅콩버터를 넣는 게 훨씬 더 맛있더라고요.

2인분
재료 준비
(밥숟가락 계량)

재료
바나나 2개
식빵 4장
땅콩버터 4~6
체다 슬라이스 치즈 2장

❸ 땅콩버터를 펴 바른 식빵에 바나나를 촘촘히 얹고 체다 슬라이스 치즈 1장을 듬성듬성 뜯어서 얹은 다음 식빵 1장을 포갠다.

Tip 같은 방법으로 1개를 더 만드세요.

❹ 에어프라이어 바스켓에 식빵을 얹고 180℃에서 5분 정도 구우면 끝!

Tip 대용량 에어프라이어에서는 2개를 한꺼번에 구울 수 있어요. 작은 용량이라면 하나씩 구우세요.

꿀팁

구워지는 정도를 보아 뒤집어서 180℃에서 2분 정도 더 구워도 좋아요.

빵빵빵 요리

RECIPE 16

햄 더블 치즈 토스트

"

속에 치즈가 쏙, 모차렐라 치즈까지
듬뿍 넣어서 더 맛있는 토스트예요.
스위트 칠리 소스와 딸기잼으로 맛을 더했어요.
믿고 만들어 보세요.

"

Air fryer

180℃

5분

1~2인분
재료 준비
(계량컵·밥숟가락 계량)

주재료
식빵 2장
슬라이스 햄 1장
체다 슬라이스 치즈 2장
모차렐라 치즈 1컵

소스 재료
딸기잼 2
스위트 칠리 소스 1

장식 재료
파슬리가루 약간

❶ 식빵의 한 면에 각각 딸기잼과 스위트 칠리 소스를 펴 바른다. 딸기잼을 바른 식빵에 슬라이스 햄과 체다 슬라이스 치즈 1장을 얹고 모차렐라 치즈도 약간 얹은 다음 나머지 식빵을 포갠다.

❷ 포갠 식빵에 모차렐라 치즈를 소복하게 얹고 체다 슬라이스 치즈를 듬성듬성 뜯어서 얹는다.
Tip 파슬리가루도 솔솔 뿌리면 더 먹음직스러워요.

❸ 에어프라이어 바스켓에 종이포일을 깔고 식빵을 얹는다.

❹ 180℃에서 5분 정도 구우면 끝!
Tip 에어프라이어의 기종에 따라서 온도와 시간은 조절하세요.

꿀팁

치즈 양이 적당해서 흘러내리지 않는다면, 종이포일은 빼고 구워도 좋아요. 종이포일 없이 구우면 더 빨리, 잘 구워지기도 하거든요.

RECIPE 17

식빵 러스크

"
오늘 소개하는 에어프라이어 레시피는 맛을 보면 멈출 수 없어서
결국 바닥을 보여야 직성이 풀리는 요리예요.
살찜주의보가 있는 중독성 강한 간식이므로 조심하셔야 해요.
자, 그럼 만들어 볼게요.
"

Air fryer 170℃ 5분 → 뒤집어서 2분

❶ 식빵은 길이대로 4등분한다. 버터 설탕 재료인 버터 3, 설탕 1, 소금 약간을 넣고 전자레인지나 따끈한 물에 중탕하여 버터를 녹인 다음 실리콘 붓으로 잘 섞는다.

❷ 식빵 앞뒤로 버터 설탕을 골고루 펴 바른다.

Tip 오일 스프레이보다 실리콘 붓이 좋아요. 꼼꼼하게 바를 수 있거든요.

❸ 에어프라이어 바스켓에 식빵을 얹고 버터를 바르지 않은 쪽이 위로 오도록 하여 다시 버터 설탕을 펴 바른다. 170℃에서 5분 정도 구워 뒤집어서 2분 정도 더 구워 한 김 식힌다.

Tip 에어프라이어의 기종에 따라서 온도와 시간은 조절하세요.

❹ 묻힘 설탕 재료인 설탕 3과 시나몬파우더 0.3을 고루 섞어 러스크를 넣고 설탕을 입히면 끝!

2인분
재료 준비
(밥숟가락 계량)

주재료
식빵 3장

버터 설탕 재료
버터 3
설탕 1
소금 약간

묻힘 설탕 재료
설탕 3
시나몬파우더 0.3

꿀팁

버터 설탕을 바를 때 식빵을 다닥다닥 붙여서 전체적으로 바르면 좋아요. 한 면을 바르고 나면 뒤집어 에어프라이어 바스켓에 얹고 다른 면이 위로 오게 해서 다시 버터 설탕을 바르면 돼요.

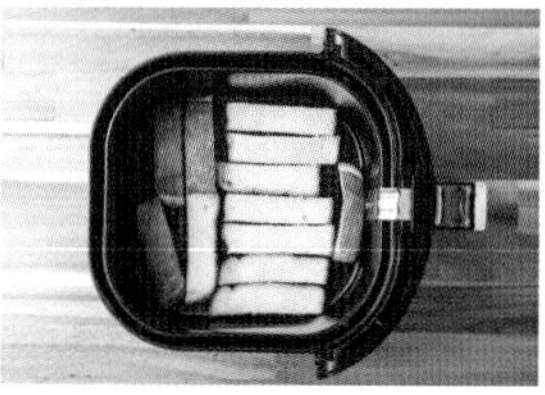

#
빵빵빵
요리

RECIPE 18

에그 드롭 브레드

"
빵이 그릇처럼 움푹 파여 있다면
그 안에 달걀을 퐁당 넣으면 되겠죠?
그래서 이름이 에그 드롭 브레드!
맛있게, 예쁘게, 기가 막히게
만들어주는 도구도 역시
에어프라이어랍니다.
"

Air fryer

180℃ 5분

❶ 바게트는 길이대로 반으로 갈라서 빵 일부를 파낸다.

Tip 파내거나 빵을 꾹꾹 눌러서 달걀을 넣을 수 있는 공간을 만드세요.

❷ 움푹 파인 부분에 달걀을 하나씩 깨어 넣는다.

Tip 달걀이 크면 노른자를 중심으로 넣고 흰자는 일부를 걷어내면 돼요.

❸ 달걀을 중심으로 마요네즈를 둥글게 짜고 스위트 칠리 소스를 약간 뿌린다. 베이컨은 잘게 다져서 고루 뿌리고 파슬리가루를 솔솔 뿌린다.

❹ 에어프라이어 바스켓에 조심스레 얹고 180℃에서 5분 정도 구우면 끝!

Tip 달걀이 가우뚱하지 않게 얹으세요.

1~2인분
재료 준비
(대충 계량해도 맛있어요)

주재료
바게트(10cm) 1개
달걀(작은 것) 2개
베이컨 1줄

양념 재료
마요네즈 적당량
스위트 칠리 소스 적당량

장식 재료
파슬리가루 약간

꿀팁

바게트, 모닝빵, 햄버거빵 등 움푹하게 팔 수 있는 빵이 적당해요.

RECIPE 19

쪽파 허니 브레드

쪽파가 가득 들어갔지만
절대 맵지 않아요!
쪽파의 향이 꿀의 단맛과
버터의 고소함과 어우러져 아주 맛있어요.
이 레시피는 카페 푸드로 내면
사랑을 받을 것 같아요.

Air fryer

180℃ 5분

1~2인분
재료 준비
(밥숟가락 계량)

재료
쪽파 4~5대
버터 2
꿀(또는 아가베시럽) 3
소금 약간
식빵 3장

❶ 쪽파는 송송 썰고 버터 2는 전자레인지에서 30초 정도 돌려 녹여 쪽파, 꿀 3, 소금 약간을 넣고 섞는다.

❷ 식빵에 쪽파 허니 버터를 골고루 펴서 바른다.

❸ 식빵 한 장을 얹고 쪽파 허니 버터를 펴 바르고 나머지 식빵 한 장을 얹은 다음 쪽파 허니 버터를 넉넉하게 얹는다.

❹ 에어프라이어 바스켓에 쪽파 허니 브레드를 넣고 180℃에서 5분 정도 구워 먹기 좋게 9등분하면 끝!

Tip 에어프라이어의 기종에 따라서 온도와 시간은 조절하세요.

빵빵빵 요리

RECIPE 20

핫도그

식빵으로 재미있게 만들어 먹는 핫도그!
튀기지 않고, 또 겉의 반죽을 따로 만들지 않아도 되는
쉽고 재미있는 핫도그입니다. 아이들 간식으로 그만인데,
오랜만에 만들어 주었더니
우리 집 청소년 아들들도 아주 잘 먹네요.

Air fryer

170℃ 7~8분

❶ 프랑크소시지는 끓는 물에 데쳐 식히고 식빵은 가장자리를 잘라 밀대로 평평하게 민다. 식빵에 마요네즈를 살짝 펴 바르고 물에 데친 프랑크소시지를 얹어서 돌돌 만다.

Tip 마요네즈는 취향에 따라 빼도 돼요.

❷ 돌돌 만 식빵핫도그는 아물린 쪽을 아래쪽으로 둔다.

Tip 풀릴 수 있으니 이렇게 잠시 두어요.

❸ 달걀은 잘 풀어 식빵핫도그를 담갔다가 빵가루를 묻힌다. 같은 방법으로 나머지 4개도 달걀물, 빵가루 순으로 묻힌다.

Tip 식빵 가장자리를 믹서에 갈아 빵가루로 사용해도 좋아요.

❹ 에어프라이어 바스켓에 식빵핫도그를 나란히 얹고 170℃에서 7~8분 정도 구워 파슬리가루를 뿌리고 토마토케첩을 곁들이면 끝!

Tip 에어프라이어의 기종에 따라서 온도와 시간은 조절하세요.

5개
재료 준비
(대충 계량해도 맛있어요)

주재료
프랑크소시지 5개
식빵 5장
달걀 2개
빵가루 적당량

곁들임 재료
마요네즈 적당량
토마토케첩
(또는 허니 머스터드) 적당량

추가 재료
파슬리가루 적당량

빵빵빵 요리

RECIPE 21

멘보샤

"중국집에서 비싸게 사 먹어야 하는 멘보샤.
멘보샤도 에어프라이어로 아주 훌륭하게 만들 수 있어요.
맛있어서 깜짝 놀라실 거예요.
게다가 기름지지 않아 더 좋아요."

Air fryer | 180℃ 5분 → 뒤집어서 3분

❶ 새우살은 키친타월로 물기를 톡톡 닦아 칼 등으로 탁탁 눌러 으깨듯 다져 볼에 넣는다. 양념 재료인 참치진국 1, 다진 마늘 0.3, 맛술 1, 감자녹말 1, 달걀흰자 1개분, 참기름 1, 후춧가루 약간을 넣은 다음 충분히 치댄다.

❷ 식빵은 테두리를 잘라내어 4등분한다.

❸ 새우살 반죽을 12등분하여 식빵에 나눠 얹고 나머지 식빵으로 덮은 다음 살짝 누른다. 식빵의 윗면에 식용유를 펴 바른다.

Tip 식용유를 바르면 훨씬 바삭바삭 맛있어요.

❹ 에어프라이어 바스켓에 식빵을 얹고 파슬리가루 솔솔 뿌린다. 180℃에서 5분 정도 구워 뒤집어서 3분 정도 더 구우면 끝!

Tip 에어프라이어의 기종에 따라서 온도와 시간은 조절하세요.

12개
재료 준비
(저울·밥숟가락 계량)

주재료
식빵 6장
새우살 200g

새우살 양념 재료
참치진국 1
다진 마늘 0.3
맛술 1
감자녹말 1
달걀흰자 1개분
참기름 1
후춧가루 약간

추가 재료
식용유 적당량

장식 재료
파슬리가루 적당량

꿀팁

참치진국은 훈연 참치의 진액에 표고버섯과 다시마 등을 넣은 맛간장이에요.

RECIPE 22

식빵 잼파이

식빵으로 만든 파이 어떠세요?
냉장고에 남은 잼을 처리하기 좋고 만드는
재미도 있어요. 잼을 기본으로
크림치즈를 더하고 다른 좋아하는
잼을 활용하면 좋아요.

Air fryer

180℃ 5분

❶ 식빵은 테두리를 잘라내어 밀대로 민다. 볼에 달걀 1개를 깨어 넣고 잘 풀어 실리콘 붓으로 식빵 가장자리에 달걀물을 바른다.

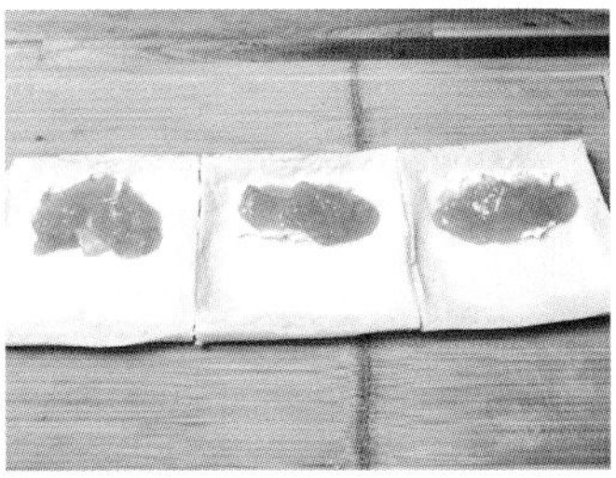

❷ 식빵에 크림치즈와 감귤잼을 나눠서 한쪽에 얹는다.

3개
재료 준비
(밥숟가락 계량)

주재료
식빵 3장
달걀 1개
크림치즈 3
감귤잼(또는 과일잼) 6

장식 재료
파슬리가루 적당량

❸ 식빵을 반으로 접어 가장자리를 포크로 꾹꾹 누른다.

❹ 식빵 윗면에 달걀물을 고르게 펴 바르고 에어프라이어 바스켓에 얹은 다음 파슬리가루를 솔솔 뿌린다. 180℃에서 5분 정도 구우면 끝!

Chapter 08

“

넣으면 맛있게 되살아나는

소생 요리

”

남은 피자나 치킨, 핫도그와 치킨 너깃 같은 냉동식품을
에어프라이어에 넣어
데우거나 구우면 생명력이 살아나요.
요리에 생명력을 불어 넣는
에어프라이어가 빛나는 순간이에요.

RECIPE 01

피자 데우기

냉장 보관한 피자	180℃	5분
냉동 보관한 피자	160℃	7~8분

"

남은 피자는 보통 전자레인지에 데워 먹거나 식은 그대로 맛없게 먹곤 했는데요.
이제 남은 피자도 에어프라이어에 돌리면 갓 구워 온 맛으로 소생돼요.
이제 피자가 많이 남았다고 걱정할 일이 아니에요.
남은 피자는 비닐팩에 조각조각 나눠 냉동 보관했다가 먹을 만큼 구우세요.

"

냉장 보관한 치킨 180℃ 5~7분

냉동 보관한 치킨 160℃ 10분

RECIPE 02

치킨 데우기

"

배달 치킨은 한 마리가 기본이죠?
남은 치킨을 갓 튀겨온 치킨으로 소생시키는 것이
에어프라이어! 식어서 맛없어진 치킨도 맛있게 되살아나요.
프라이드치킨은 에어프라이어로 다시 데워 먹기 좋아요.
양념치킨일 경우에는 낮은 온도에서 구워야
양념이 타지 않아요. 양념치킨은 160℃에서
구워지는 상태를 확인하면서 5~10분 정도 구우세요.

"

소생요리

RECIPE 03

냉동빵 데우기

실온 보관한 빵 180℃ 3분

냉동 보관한 빵 160℃ 5~7분

바로 먹지 못해서 냉동실에 넣어둔 빵도 에어프라이어라면 소생시킬 수 있어요. 그것도 바로 사 온 빵 상태로요. 혹 빵을 못 먹겠다 싶으면 실온에 계속 두지 말고 냉동시키는 것이 좋아요. 또 실온에 둔 빵도 다시 에어프라이어에 구우면 갓 구운 빵처럼 맛있어요.

RECIPE 04

튀김 소보로 호두과자 데우기

150℃ 10~15분

“

튀김 소보로 호두과자를
택배로 받아서 바로 먹을 것을
제외하고 일회용 비닐봉지나 지퍼백에
나눠 담아 냉동실에 넣어둬요.
출출할 때 냉동실에서
소보로 호두과자를 꺼내 에어프라이어에
데워 먹는 걸 좋아하거든요.
허브티나 커피를 곁들이면 더 맛있어요.
꽁꽁 얼어있는 것을 200℃에서 구우면
겉이 까맣게 타버려요.
150℃에서 10분 정도 구워 상태를 보면서
5분 정도만 더 구우면 속의 팥까지
따끈하게 구워져요. 단, 굽고 나서
10분 이상 식혀서 드세요.

”

#
소생
요리

180℃
10~15분

RECIPE 05

냉동 생지로 빵 굽기

냉동 생지는 간격을 띄워
바스켓에 얹고 180℃에서
10~15분 정도 구우면 끝!
Tip 중간에 열어서 구워지
는 정도를 살피세요.

“

주로 오븐에 굽는 냉동 생지를 에어프라이어에서도 구울 수 있어요.
냉동 생지별로 굽는 시간은 조금씩 다르지만, 그때그때 갓 구운 빵을 먹고 싶을 때는
냉동 생지만큼 유용한 것도 없어요. 단, 속에 치즈가 들어간 생지는
터져서 흘러나올 수 있으니 반드시 종이포일을 깔고 구우세요.

”

RECIPE 06

아귀포구이

180℃ 3~4분

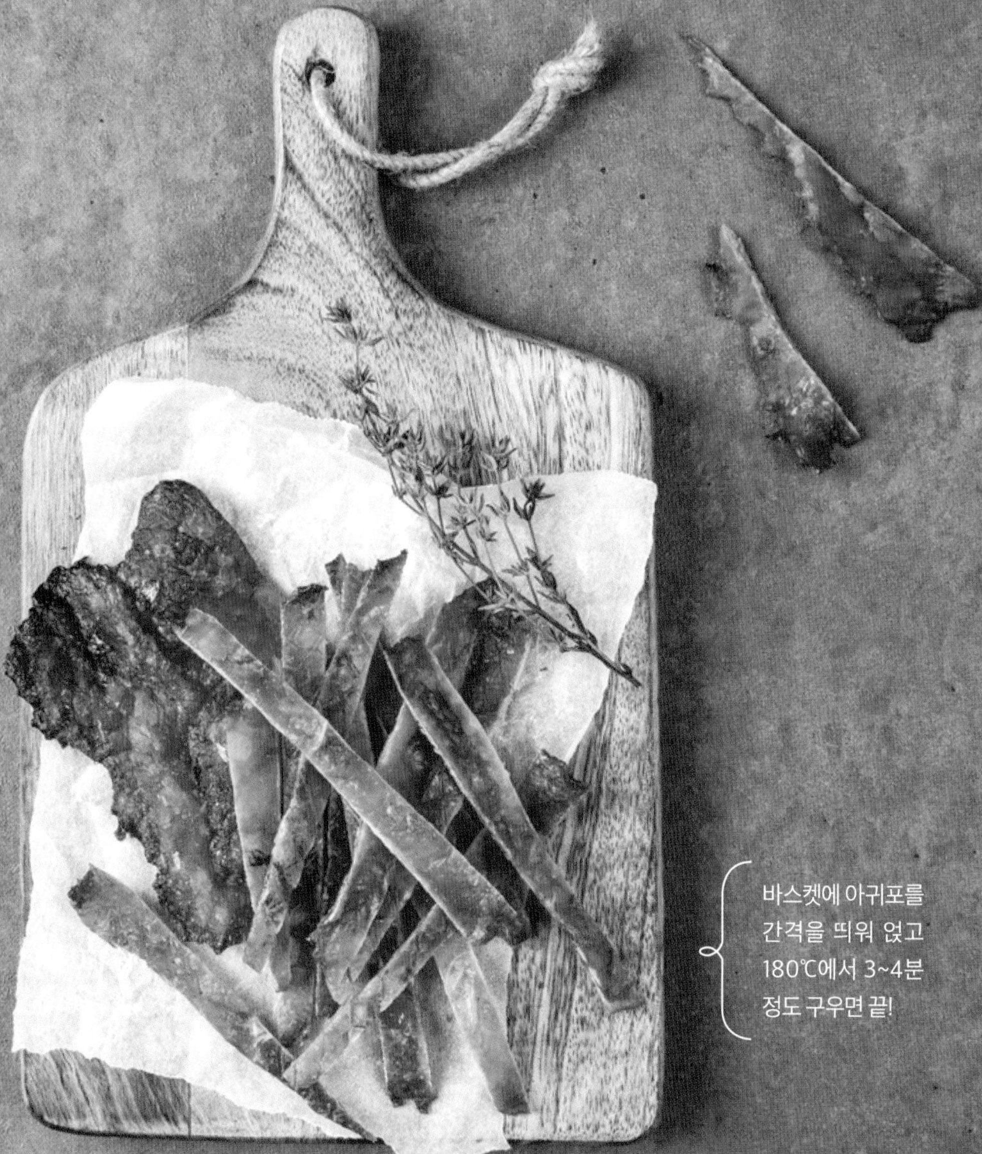

바스켓에 아귀포를 간격을 띄워 얹고 180℃에서 3~4분 정도 구우면 끝!

요즘 살이 도톰한 아귀포를 쥐포보다 더 많이 먹어요. 에어프라이어로 아귀포나 쥐포를 구울 때는 타지 않게 조심하세요. 생각보다 금방 구워지거든요. 쥐포의 경우 너무 얇으면 에어프라이어 안에서 막 날아다니기도 해요. 그래서 쥐포는 두툼하고 묵직한 것이 더 잘 구워져요.

소생
요리

쪼득하게 굽기 180℃ 2~3분

바삭하게 과자처럼 굽기 180℃ 5분

RECIPE 07

쫀드기구이

요즘 추억의 쫀드기를 많이 먹더라고요.
그냥 먹어도 맛있지만, 옛날 생각에 잠겨 구워 먹기도 해요.
바싹하게 굽는 버전과 쫀득하게 굽는 버전에 따라 시간은 달라져요.

RECIPE 08

냉동식품 굽기

냉동 감자튀김

★ 200℃ | 7~8분

냉동 감자튀김이 이제는 마트에 가면 종류별로 진열되어 있어요. 기름을 머금고 있어서 에어프라이어에 돌려 바로 먹으면 꿀맛인 감자튀김! 먹을 만큼만 바로바로 돌려 드세요.

냉동 감자는 바스켓에 얹어 200℃에서 7~8분 정도 돌리면 끝!

Tip 중간에 한 번 열어서 바스켓째 흔들면 고르게 튀겨져요.

냉동 김말이튀김

★180℃ | 10~15분

직접 만들지 않아도 될 정도로 마트에 가면 김말이튀김이 잘 나와 있어요. 떡볶이를 만들면 김말이 튀김도 만들어요. 때로는 에어프라이어에 튀겨서 초간장 소스인 삼겹살 양파절임 소스에 찍어 먹어도 맛있어요.

냉동 김말이는 바스켓에 얹고 180℃에서 10~15분 정도 구우면 끝!

냉동 핫도그

★170℃ | 15~18분

핫도그도 냉동실에 넣어 두었다가 굽게 되는데요, 바로 구우면 겉은 타고 속의 소시지는 차갑게 되어 다시 돌리기 일쑤죠. 냉동 핫도그는 낮은 온도로 은근하게 구워야 해요.

냉동 보관한 핫도그는 바스켓에 얹고 170℃에서 15~18분 정도 구우면 끝!

치킨 너깃

★ 180℃ | 7~8분

에어프라이어가 나왔던 초창기에 제일 많이 돌려먹던 치킨 너깃이에요. 기름을 머금고 있어서 그냥 돌리기만 하면 되는데, 아이들이 좋아하는 최고의 요리예요.

치킨 너깃을 바스켓에 얹고 180℃에서 7~8분 정도 돌리면 끝!

냉동 피자

★냉동 보관 피자 160℃ | 7~8분

★자연 해동 피자 180℃ | 3~4분

냉동 피자는 냉동 상태 그대로 넣으면 겉은 타고 속은 차갑기 때문에 상태를 봐 가면서 구우세요.

냉동 보관한 피자는 바스켓에 얹어 160℃에서 7~8분 정도 굽고, 자연 해동한 피자는 180℃에서 3~4분 정도 구우면 끝!

해시 브라운

★200℃ | 5분 → 3분

해시 브라운은 가끔 아이들에게 해주는데요, 그냥 구워줄 때도 있고, 어느 날은 아이들이 좋아하는 모차렐라 치즈를 넣고 구워줄 때도 있어요.

해시 브라운을 바스켓에 얹고 200℃에서 5분 정도 구운 다음 뒤집어서 3분 정도 더 구우면 끝!

상상출판의
이야기가 있는
만찬 I

문성실의 요즘 요리

요즘 양념과 식재료, 조리법으로 만든
365가지 요즘 요리.
마법의 밥숟가락 계량법으로
집밥 먹고 살게 하는 성실 레시피.

간장 맛, 고추장 맛도 시대에 따라 변하고
물 건너 온 이색 식재료와 양념,
조리법도 우리의 밥상으로 찾아든다.
이 책은 요즘 양념과 식재료,
요즘 사람들이 선호하는 조리법으로 만든
집밥 레시피를 엮었다.

문성실 지음 | 448쪽 | 16,800원

문성실의 마이 베스트 레시피

13년 집밥의 기록,
문성실이 뽑은 최고의 요리 105.
책과 동영상으로 요리를 배우며
독자가 다시 만들어가는
나만의 레시피북.

『문성실의 냉장고 요리』
『문성실의 요즘 요리』 등
선보이는 책마다 베스트셀러를 기록하며,
집밥 전도사로 활약해온 저자가
블로그와 요리책을 통틀어
최고의 레시피만 엄선하여
한 권의 책으로 엮었다.

문성실 지음 | 276쪽 | 16,000원
* 책 속 부록 : 장보기 재료 모음집, 요리 동영상 QR코드

상상출판의
이야기가 있는
만찬 II

김치가 이렇게 쉬웠어?

퇴근 후 후다닥

이제 빵을 먹어야겠습니다

시골 엄마밥

배명자 지음

자연을 담은 엄마 요리,
먹으면 힘이 나는 울 엄마밥

시골 엄마 김치

배명자 지음

제철 재료와 손맛으로 버무린
엄마 김치 108

밥 한그릇

정훈 지음

밥 나와라~ 뚝딱!
한국인이 좋아하는
세상 모든 밥 요리 141

집에 가서 밥 먹자

이미경 지음

집밥을 먹어요, 꿀밥!
따끈따끈 집밥 레시피 221

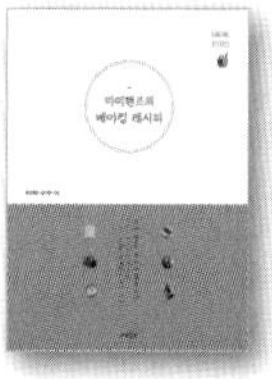

마미핸즈의 베이킹 레시피

김지연 지음

한국인의 입맛에 딱 맞는
순수한 우리밀 발효빵과
자연 과자

Premium
Recipe Book
Series

두부 한 모,
콩나물 한 봉지,
달걀 한 팩

원 버너 One Burner

매일 보는 요리책

우리 아이 잘 먹게 해주세요

오븐으로 밥 해 먹어요

Vol. 1

두콩달

이미경 지음

착한 식재료 두부와 콩나물,
달걀로 차린
140가지의 건강 요리

Vol. 2

캠핑요리

이미경 지음

집 밖에서 작은 코펠과
미니 버너 하나로
집밥보다 맛있는 밥 해 먹기

Vol. 3

새댁요리

조소영 지음

요리를 막 시작하는 새댁과
싱글들이 매일 펼쳐보게 될
초보 요리 바이블

Vol. 4

아이요리

이미경 지음

아이를 춤추게 할
우리 엄마의 홈메이드 요리

Vol. 5

오븐 요리

이미경 지음

재주 많은 오븐이 부린 마술!
한국인을 위한
오븐 요리 172

Index

가나다순

에어프라이어
119 레시피

초판 1쇄 | 2019년 5월 10일
초판 4쇄 | 2022년 10월 1일

지은이 | 문성실

발행인 겸 편집인 | 유철상
책임편집 | 조경자
사진 | 최숙화
일러스트 | 랄랄라디자인
디자인 | 노세희, 주인지, Mia Design
마케팅 | 조종삼, 윤소담
콘텐츠 | 강한나

펴낸 곳 | 상상출판
주소 | 서울특별시 성동구 뚝섬로17가길 48, 성수에이원센터 1205호(성수동 2가)
구입 · 내용 문의 | **전화** 02-963-9891(편집), 070-7727-6853(마케팅)
팩스 02-963-9892 **이메일** sangsang9892@gmail.com
등록 | 2009년 9월 22일(제305-2010-02호)
찍은 곳 | 다라니
종이 | ㈜월드페이퍼

※ 가격은 뒤표지에 있습니다.
ISBN 979-11-89856-11-3(13590)

www.esangsang.co.kr